POTATO

马铃薯脱毒种薯
繁育与质量控制技术

MALINGSHU TUODU ZHONGSHU
FANYU YU ZHILIANG KONGZHIJISHU

张武　吕和平　主编

中国农业出版社
北　京

本书编委会

主编：张　武　吕和平
编委：高彦萍　吴雁斌　梁宏杰　王　敏

前言
FOREWORD

　　马铃薯为茄科（Solanaceae）茄属（*Solanum*）一年生草本块茎植物，有 107 个野生种和 4 个栽培种，现生产上广为栽培的是马铃薯普通栽培种（*Solanum tuberosum* Chilotanum Group）。马铃薯原产于南美洲安第斯（Andes）高寒山区。人工栽培历史最早可追溯到公元前 8000 年的秘鲁南部地区，但从南美洲传播到世界其他地区的历史迄今只有 400 多年。最早有历史记载的是在 1536 年，由 Jiménez de Quesada 带领的西班牙探险队从哥伦比亚带入欧洲。到 17 世纪时，马铃薯已经成为欧洲的重要粮食作物。现在在世界 160 多个国家和地区广泛种植。最新研究表明，马铃薯可能在 1423 年由郑和通过第 6 次航海引入我国（较以前研究，马铃薯明朝万历年间 1573—1620 年传入我国早 100 多年）。京津地区是我国最早见到马铃薯的地区之一，很快在内蒙古、河北、山西、甘肃东南部、陕西北部、云南、贵州、四川普及，已有 400 多年的栽培历史，现已遍及全国，一年四季均有种植。

　　马铃薯适应性强，产量高，块茎中含有多种丰富的营养物质。如淀粉、脂肪、蛋白质、维生素、氨基酸、有机酸和矿物质，是人体进行正常生命活动所必需的物质。马铃薯的淀粉含量较高，不同品种淀粉含量不同，一般早熟品种为 11%～14%，中晚熟品种为 14%～18%，高淀粉品种淀粉含量大于 18%，最高可达到 25% 以上。马铃薯的蛋白质含量也较高，一般含量为 2%～3%，且易被人体消化吸收。马铃薯所含的维生素是胡萝卜的 2 倍、大白菜的 3 倍、番茄的 4 倍。此外，马铃薯块茎中含有的无机盐，如钙、磷、铁、钾、钠、锌、锰等，也是促进人体生长发育、维持器官正常功能不可缺少的元素。马铃薯含有丰富的维生素 B_1、B_2、B_6 和泛酸等 B 族维生素及大量的优质纤维素，还含有微量元素、氨基酸等营养元素，这些成分在人体的抗衰老防病过程中有着重要的作用。

马铃薯俗称土豆、地豆、地蛋、山药蛋、洋芋、洋山芋、荷兰薯等，全国通称为马铃薯，是我国第四大重要粮食作物，年播种面积 8 500 万亩左右。我国马铃薯生产区域分布广泛，主要集中在甘肃、内蒙古、云南、四川、重庆、贵州、黑龙江、河北、青海、宁夏和陕西等省份。根据马铃薯种植区域分布可划分为：北方一作区（4—5 月播种，9—10 月收获），包括黑龙江、辽宁北部、吉林、内蒙古、河北坝上、山西雁北、甘肃、青海、宁夏、新疆；中原二作区（2 月种植，6 月收获；8 月底种植，11 月收获），包括河南、山东、河北南部、山西南部；西南混作区，包括贵州、云南、四川、湖北；南方冬作区，包括广东、广西、福建。受不同区域气候环境和土壤等因素的影响，马铃薯的生产周期和耕作栽培方式差别较大。

近年来，随着国内外对农产品产量和品质的重视，我国马铃薯产业稳步发展，良种普及率显著提高，种植面积逐渐扩大。截至 2019 年，我国育成的马铃薯品种有 300 多个，其中已在生产上广泛应用的有 90 多个。目前绝大多数省份已经形成规模化、集约化格局，形成了马铃薯产业带和产业区。全国 20 多个省份已建成规模化的马铃薯脱毒中心和原原种扩繁基地近 40 个，拥有标准化的脱毒组培室、智能温室或日光温室、防虫网棚以及原种田等，具备了生产脱毒试管苗、原原种、原种和一、二级良种的能力。全国年产马铃薯脱毒组培苗约 17 亿株、原原种 32 亿粒，脱毒种薯应用面积 2 000 万亩，约占总播种面积的 25%，主要分布在马铃薯主要产区（甘肃、内蒙古、云南、贵州、黑龙江、山东、宁夏、青海等地），行业产能分散，集中度低。

目前，我国马铃薯产业仍然存在一些突出的问题，马铃薯种薯繁育技术研发相对滞后，导致脱毒种薯繁育与质量监控、检测技术水平和设备相对落后；生产上推广应用品种较多，混杂现象严重；商品薯和脱毒种薯生产区域不明确，田间管理技术不规范，致使脱毒种薯质量参差不齐，严重影响马铃薯集约化生产水平的提高，致使单产水平较低。同时，随着南方冬播马铃薯面积不断扩大，北薯南调的格局在逐渐改变，致使北方鲜食菜用马铃薯失去了在南方市场的竞争优势，商品薯销售不畅，价格持续低迷，严重制约着马铃薯产业的发展。

因此，今后要加强利用现代生物技术选育满足不同生态条件下种植需求和市场消费需求的新品种。开展马铃薯脱毒种薯快速繁育技术、种薯生产精准施肥与合理栽培技术、精准导航定位系统引导机械化田间管理与收获技术、晚疫病防治专家预警系统与防治技术、适宜不同地域的种薯联合收获机械与智能化贮藏管理技术研究。规范完善马铃薯种薯生产管理制度，使马铃薯原原种、原种和良种生产程序化，规范种薯生产质量控制，严格种薯销售管理制度。确保马铃薯生产的产量及品质，促进我国马铃薯产业向规模化、集团化、国际化方向发展。

CONTENTS

第一章
马铃薯的生长发育特性

一、马铃薯的形态特征

马铃薯的植株由根、茎（包括地上茎、地下茎、匍匐茎和块茎）、叶、花、果实和种子组成。

（一）根

由块茎无性繁殖长出来的根称为须根，没有主根与侧根的区分，须根是从种薯幼芽基部发出的；而由浆果里的实生种子培育的实生苗发育的植株则有主根与侧根之分。马铃薯的根系大部分分布在土表下 40～70 cm 之间，但也有达到 1 m 以上的。

以根的特征鉴别品种的标志有：①入土深度。一般早熟品种的根入土浅；而晚熟品种的根入土较深。②根系分布。一般早熟品种根系不太发达，分布不广泛；而晚熟品种根系发达，分布较广泛。③根系拉力。抗旱性强的品种根系拉力大，反之则小。

（二）茎

马铃薯的茎有地上茎、地下茎、匍匐茎和块茎。

1. 地上茎

种植的马铃薯块茎发芽后，在地面上着生枝叶的茎称为地上茎。茎上有3～4条棱，棱角突出呈翼状。茎秆上节部膨大，节间分明，节处着生复叶，节间中空。

以地上茎的特征鉴别品种的标志有：①茎秆颜色。因品种而异，有绿色、紫色、褐色、红色及浅紫色等。②株型。有直立、半直立和匍匐型三种。③茎高。早熟品种茎秆较低；而晚熟品种则较高。④分枝。一般早熟品种分枝较少，而且分枝部位较高；而晚熟品种分枝较多，分枝部位较低。另外，茎的粗细、有无茸毛等均可作为区分品种的标志。

2. 地下茎

块茎发芽后埋在土壤内的茎称为地下茎。地下茎的节间较短，在节的部位生出匍匐茎（枝），匍匐茎顶端膨大形成块茎。

3. 匍匐茎

匍匐茎又称匍匐枝，实际上是地下茎在土壤中的分枝。

以匍匐茎的特征鉴别品种的标志有：①形成期。早熟品种在幼苗出土后7～10 d即开始生出匍匐茎，2周后其顶端膨大，逐渐形成块茎；晚熟品种在幼苗出土后20 d左右才开始生出匍匐茎。②长度。一般早熟品种较短，3～10 cm；晚熟品种较长，结薯分散的品种达10 cm以上。

4. 块茎

块茎是生长在土壤中缩短了的茎，它是匍匐茎顶端髓部膨大形成的。马铃薯块茎的表皮由一层木栓化周皮构成，6～10个细胞厚，其功能是阻止水分散失和抵抗真菌、细菌病害。紧贴周皮内部的是皮层，是一层很薄的薄壁细胞。维管束中的薄壁细胞富含淀粉，位于皮层内部。木质部和韧皮部以带状的形式存在，在皮层和维管组织区域交界处大部分形成细长、不连续的维管环。髓部有时也称为水心，由较大的细胞构成，淀粉含量较少，位于块茎的中心位置，占据空间不大，辐射出细小的抵达每个芽眼的分支。

栽培马铃薯的主要目的就是为了获得高产的块茎。块茎性状是鉴别品种的重要标志。以块茎的特征鉴别品种的标志有：①结薯习性。结薯多与少、集中与否都因品种而异。②薯块形状。有圆形、椭圆形、长椭圆形、扁圆形等。③皮色。有白色、黄色、红色之分。④肉色。有白色、黄色之分。⑤芽眼。多少、深浅因品种而异，也是马铃薯商品性的主要标志。

（三）叶

马铃薯的叶片着生在茎节处，在幼苗期是单叶，到后期均为复叶。正常的马铃薯叶片为奇数羽状复叶，复叶的顶部小叶为顶叶，两侧的小叶为侧小叶，一般有3～7对，侧小叶之间还有大小不等的二次小叶，复叶的叶柄很发达，叶柄基部有1对托叶。

以叶的特征鉴别品种的标志有：①大小。复叶及小叶的大小在品种间区别很大。②形状。顶叶及侧小叶的形状因品种而异。③毛茸。一般抗旱品种毛茸较多。④排列。不同品种小叶的排列疏密不一。⑤色泽。分为淡绿色、绿色和深绿色。

（四）花

马铃薯的花是聚伞形花序，总花梗着生于茎的中下部叶腋处，花梗上有几个分枝，每个分枝着生 2～4 朵花，每朵花有 1 个花柄，着生在花序总梗上。花由 5 瓣联结在一起，形成轮状花冠，花内有 5 枚雄蕊，1 枚雌蕊。雌蕊着生在 5 枚雄蕊的中央，由花柱、柱头和子房组成。马铃薯的一朵花开放时间为 3～5 d，一个花序可持续 10～15 d，一般在上午 8 时左右开花，下午 5 时左右花朵闭合。

以花的特征鉴别品种的标志有：①花期。早熟品种一般开花期较早，持续时间较短；晚熟品种开花期较晚，持续时间较长。②颜色。有白色、粉红色、紫色、蓝紫色和蓝色，是鉴别品种的重要性状。③花序。其多少因品种而异。④雄蕊。淡黄绿色的雄蕊一般是雄性不育，以此可识别品种。

（五）果实和种子

马铃薯属于自花授粉作物，在没有昆虫传粉的情况下，异花授粉率仅为 0.5% 左右，能天然结实的品种基本上全是自交结实。浆果为球形，少数为椭圆形，前期为绿色，接近成熟时顶部变白，逐渐转为黄绿色。果中种子数目不等，有的多达 300 粒以上，有的很少，只有几十粒。种子很小，多数品种千粒重为 0.5～0.6 g。

以浆果的特征鉴别品种的标志主要有：浆果大小，表皮颜色及是否带斑纹，以及是否为无效浆果（即无种子的浆果）。

二、马铃薯的生长发育特性

马铃薯的生长发育呈周期性，大致可分为 4 个阶段：①成熟的块茎经过一段时间的休眠才能作为种薯播种，即休眠阶段（休眠期）。②播种后，依靠自身的营养生根发芽长出幼苗，即自养阶段（发芽期）。③出苗后，通过光合作用制造有机物，利用根系吸收水分和无机元素，形成完整的植株生长体系（幼苗期），直到开花达到植株的盛花期（块茎形成期），即异养阶段。④开花后，地上部分停止生长，块茎迅速膨大（块茎膨大期），积累养分到成熟（淀粉积累期、成熟期），即块茎形成阶段。

（一）块茎的休眠

新收获的马铃薯块茎，在适宜的条件下也不能发芽，必须经过相当长的时间才能发芽的这种现象称作"休眠"。这段时间称作"休眠期"。休眠期的长短与品种和贮藏条件有密切的关系。有的品种休眠期长达 4、5 个月，有的品种休眠期只有 1 个月，甚至新收获不久的块茎就能发芽，这是由品种的遗传特性所决定的。贮藏期温度的高低也影响块茎的休眠期长短，高温可以显著缩短块茎的休眠期。另外，休眠期的长短还与块茎的成熟度有关，因为块茎的休眠在块茎形成后就开始，所以幼嫩块茎比老熟的块茎休眠期长，脱毒微型薯的休眠期更长。了解品种的休眠期，对于块茎的贮藏及调种都有一定的意义。

休眠期长的品种适合北方一作区种植和加工利用，块茎的休眠对生产是比较有利的。但如果是冬季生产的微型薯，春播时因块茎没有通过休眠，延误播期，影响产量，对生产不利，所以必须人工打破休眠。下面介绍一些常用的打破休眠的方法。

(1) 用赤霉素打破休眠。 把切好的种薯块，放进 5～10 mg/L 赤霉素溶液中浸泡 15 min，捞出后放入湿沙中，保持 20 ℃ 左右的温度。或用喷雾器把赤霉素溶液均匀喷在种薯块上，然后再放入湿沙中。

(2) 用硫脲打破休眠。 把切好的种薯块放入 1‰ 硫脲溶液中浸泡 1 h，捞出后放入湿沙中层积。或用喷雾将硫脲溶液喷在种薯块上，然后再用湿沙层积。

(3) 用熏蒸法打破休眠。 所用药剂为 2-氯乙醇、二氯乙烷和四氯化碳，将三者按 7∶3∶1 的容量比例混合成熏蒸液，用以熏蒸种薯。不同品种处理时间的长短也不同。这种方法打破马铃薯种薯休眠的效果较好。

(二) 种薯的萌发

发芽期是指种薯从解除休眠，芽眼处开始萌芽、抽生芽条，直至幼苗出土的阶段。

块茎播种后在适宜的条件下才能萌发。块茎发芽的最低温度为 5～6 ℃，最适温度为 15～17 ℃。从播种到出苗所需时间与土壤温度高低有密切关系，在适宜的温度范围内，温度越高，出苗所需时间越短。提早播种时，因土壤温度过低，幼根和幼芽生长缓慢或停止而延长发芽期，使出苗期延迟。

种薯发芽出苗除受土壤温、湿度影响外，还与贮藏期的温度变化有关。播前贮藏温度低于 8 ℃，块茎播种后发芽较慢，所以播前应将低温下贮藏的种薯移至 12 ℃ 以上条件下晒种，这样出苗速度快，芽苗健壮。

块茎上不同部位的芽眼发芽快慢也不同，一般是顶部芽眼发芽早，出苗快，生长也最旺盛。相反，越靠近脐部的芽眼发芽越迟，出苗慢，生长较弱。发芽期的长短因品种特性、种薯生理年龄、贮藏条件、催芽处理和催芽状况、栽培季节和种植水平等的不同，一般为 20～30 d。

发芽期马铃薯器官生长的核心是根系形成和芽条生长，同时伴随着叶、侧枝和花原基（花原基就是花芽生长点，一般为球状细胞团凸起）等器官的分化。这一时期是马铃薯发苗、扎根、结薯和壮株的基础时期，也是获得高产稳产的基础时期。

（三）植株的生长发育

马铃薯的植株是在一定条件下由根、茎、叶三部分密切配合，高度协调下生长发育的。从幼苗出土，其绿色茎叶即开始利用光合作用制造养分，发育良好的根系从土壤中吸取足够的水分和无机元素，以供植株各部分生长利用。随着植株中养分的分配和根、茎、叶的生长发育，才形成完整的植株生长体系，直到开花达到植株盛花期。

幼苗期是马铃薯块茎从出苗到植株现蕾（出现花蕾）为止。一般在出苗后20 d左右，地下各节的匍匐茎就都长出，并横向伸长。出苗后1个月左右，植株开始现蕾，与此同时，匍匐茎的顶部开始膨大形成小块茎。现蕾期是生产管理的一个重要标志，即开始起垄培土，若培土过迟，就会在培土过程中损伤刚形成的小薯而影响产量。现蕾后15 d左右开始开花，地上部茎叶生长进入旺盛期，叶面积迅速增大。盛花期是地上部茎叶生长最旺盛时期，此后，地上部生长趋于停止，制造的养分不断向块茎输送。

马铃薯幼苗期是以茎叶生长和根系发育为中心的时期，这一时期幼叶长成并开始利用光合作用制造养分，逐渐由茎养（利用块茎营养）转为自养。该阶段还从种薯内源源不断得到营养供给，同时伴随着匍匐茎的形成、伸长以及花芽分化。

这一阶段虽然生长总量不大，但是处于承上启下的关键时期，全部的同化系统和产品器官都在这个时期内分化建立，是进一步繁殖生长的基础阶段。幼苗期马铃薯对水肥十分敏感，要求有充足的氮肥、适宜的温度和土壤湿度以及良好的通气条件。

（四）块茎的形成

多数品种在现蕾期块茎开始膨大，进入块茎形成期。但通常马铃薯到盛花期，叶面积最大，制造养分的能力最强，所以开花后20～30 d块茎增长的速度最快。主茎开始急剧拔高，株高将达到最大高度的1/2左右，主茎及茎叶已全部形成，并有分枝和分枝叶展开。早熟品种叶面积将达到最大叶面积的80%，晚熟品种将达到50%左右，主茎顶端开始孕育花蕾，匍匐茎停止伸长，顶端开始膨大。

这一阶段马铃薯植株从以地上茎叶生长为重点转向地上茎叶生长和地下块茎形成同时进行。此时，叶片光合作用进行营养制造、茎叶根系生长进行营养消耗、小块茎生长进行营养积累，三者相互促进，相互制约，茎叶生长出现短暂缓慢现象，一般持续7～10 d。随着块茎的形成和茎叶的生长，植株对水肥的需求量不断增加，要求土壤保持疏松通气的良好状态和适宜的生长温度。

（五）块茎的膨大

块茎膨大期也称作块茎增长期，从开花历经盛花、收花，直到茎叶开始衰老为止，一般持续 15～22 d。

这个阶段植物生长以块茎体积增大和重量增加为重点，是以地上茎叶生长为主转入以地下块茎生长为主的关键阶段，经历马铃薯茎叶和块茎干重平衡到茎叶和块茎鲜重平衡的化学物理变化过程。

马铃薯全生育期所形成的干物质总量的 40%～75% 是在此阶段形成，所以该阶段是马铃薯一生中水肥需求量最大时期，通常要求有丰富的有机质、微酸性、通气性良好的土壤和较适宜的温度条件。

（六）块茎淀粉的积累

淀粉积累期也称作干物质积累期，从终花期开始至茎叶枯萎为止，一般持续 15～25 d。

一般早熟品种在盛花末期、中晚熟品种在终花期茎叶停止生长，一旦植株基部叶片开始衰老变黄，茎叶和块茎鲜重达到平衡，就标志着植株进入了干物质积累期。

这一时期最大的生育特点是以淀粉转运积累为中心，虽然茎叶停止生长，但光合作用仍在旺盛地进行，不断制造有机质，大量向块茎中转移。尽管块茎体积不再明显增大，但干物质重量显著增加，块茎总重量继续增加。

在此期间增加的产量可占总产量的 30%～40%，中心任务是防止茎叶早衰，尽量延长茎叶的寿命，增加光合作用的时间和强度，让其积累更多有机质。同时要防止土壤板结和温度过高，控制氮肥的施用量，保持土壤湿度。

（七）块茎的成熟

马铃薯与谷类作物不同，没有严格的成熟期，通常根据栽培目的和生产需要安排，只要达到商品成熟期（或达到种用标准），即可收获。

北方地区由于一年一熟，正常条件下，随着地上部茎叶的逐渐衰退，输入块茎的养分也相应减少，一直到茎叶完全枯死，块茎才停止增大。薯块表皮木栓化程度较高，块茎皮层加厚，并开始进入休眠状态，这时即认为达到生理成熟期。

三、马铃薯对环境条件的要求

马铃薯同其他作物一样，在生长和发育的每个时期，对环境条件都有独特的要求。这些条件能否得到满足，决定着植株生长是否旺盛和协调，能否获得较高的产量。马铃薯的生长条件主要包括温度、水分、二氧化碳、光照和土壤等方面。

（一）对温度的要求

马铃薯是耐低温耐寒的农作物，对温度要求比较严格，不适宜太高的气温和地温。

发芽期芽苗生长所需的水分、营养都由种薯供给，这时的关键是温度。当10 cm 土层的温度稳定在 5～7 ℃时，种薯的幼芽可以缓慢地萌发和伸长；当温度上升到 10～12 ℃时，幼芽生长健壮，并且长得很快；13～18 ℃是马铃薯幼芽生长最适宜的温度。温度过高，则不发芽，造成种薯腐烂；温度低于4 ℃，种薯也不能发芽。苗期和发棵期是茎叶生长和进行光合作用制造营养的阶段，这时适宜的温度范围是 16～20 ℃。如果气温过高，且光照不足，叶片就会长得又大又薄，茎秆节间伸长变细，出现倒伏，影响产量。结薯期的温度对块茎形成和干物质积累影响很大，所以马铃薯在这个时期对温度要求比较严格。以 16～18 ℃的土温、18～21 ℃的气温对块茎的形成和增长最有利。如果气温超过 21 ℃，马铃薯生长就会受到抑制，生长速度就会明显下降。土温超过 25 ℃，块茎便基本停止生长。同时，结薯期对昼夜温差的要求是越大越好。只有在夜间温度低的情况下，叶片制造的有机物才能由茎秆中的输导组织筛管运送到块茎里。如果夜间温度不低于白天温度，或只低一点，有机营养向下输送的活动就会停止，块茎体积和重量也就不能很快增加。

马铃薯生长对温度的要求决定了不同地区马铃薯种植的季节。如甘肃、青海、黑龙江、内蒙古、宁夏、河北、山西、陕西等地，7 月平均气温在 21 ℃或 21 ℃以下，马铃薯的种植季节就安排在春季和夏初，一年种植一季；在中原地区，7 月平均气温在 25 ℃以上，为避开高温季节，就进行早春和秋季两季种植；在夏季和秋季高温时间特别长的江南等地，只有在冬季和早春才能进行种植。

（二）对水分的要求

马铃薯是需水较多的农作物，它的茎叶含水量比较大，活植株的水分约占90％，块茎含水量也达 80％左右。水能把土壤中的无机盐营养溶解，之后马铃薯的根把它们吸收到体内利用。水也是马铃薯进行光合作用、制造有机营养的主要原料之一，而且制造的有机营养，也必须依靠水（作为载体）才能输送到块茎中进行贮藏。据专家测定，每生产 1 kg 鲜马铃薯块茎，需要从土壤中吸收 140 L 水。所以，在马铃薯的生长过程中，必须有足够的水分才能获得较高的产量。

马铃薯发芽期所需的水分，主要靠种薯自身中的水分来供应。如种薯块较大（达到 30～40 g），土壤墒情只要能保持 14% 左右含水量，就可以保证出苗。幼苗期和现蕾期是马铃薯需水由少到多的时期，土壤中保持一般墒情，达到"手捏成块不沾手"（土壤中含水量达 14%～16%），水分就够用了。如果这个时期水分太多，反而会妨碍根系发育，使植株生长后期的抗旱能力降低；如果水分不足，地上部分的发育受到阻碍，植株就会生长缓慢、叶片小、植株矮小、花蕾易脱落。这个时期的需水量占全生育期需水总量的 1/3。结薯期的前段，即从开始开花到落花后 1 周，是马铃薯需水最敏感的时期，也是需水量最多的时期。据专家测定，这个阶段的需水量占全生育期需水总量的 1/2 以上。如果这个时期缺水干旱，块茎就会停止生长。以后再降水或有水分供应，在植株和块茎恢复生长后，块茎容易出现二次生长，形成次生薯等畸形薯块，降低产品质量。因此这个时期土壤墒情最适宜的是土壤含水量达到 20% 左右。但水分也不能过多，如果水分过多，茎叶就易出现疯长现象。这不仅大量消耗营养，而且会使茎叶细嫩倒伏，为病害的侵染造成有利的条件。特别是结薯后期，切忌水分过多。因为如果水分过多，土壤过于潮湿，块茎的气孔开裂外翻，形成愈伤组织，就会造成薯皮粗糙。这种薯皮易被病菌侵入，对贮藏不利。若是再严重一些，块茎在土中缺少氧气，不能呼吸，造成田间烂薯，严重减产。据资料介绍，在结薯后期，土壤水分过多或积水超过 24 h，就会造成块茎腐烂；积水超过 30 h，块茎将大量腐烂；超过 42 h，块茎将全部腐烂。

我国马铃薯种植区，绝大多数土地是靠降水的多少来决定墒情。因此，要满足马铃薯对水的要求，就必须考虑当地常年降水的多少和降水的季节等情况，采取一些有效的农艺措施。比如种植马铃薯尽量选择旱能浇、涝能排的地块，不要在涝洼地上种植；在雨水较多的地方，采取高垄种植的方法，并在播种时留好排水沟；在干旱地区，要逐步增设浇水设施，修井开渠和购置灌溉机械等，以保证在马铃薯需水时进行浇灌。

空气湿度的大小对马铃薯生长也有很重要的作用。空气湿度小时，会影响植株体内水分的平衡，减弱光合作用，使马铃薯的生长受到阻碍；而空气湿度过大，又会造成茎叶疯长，特别是叶片夜间结露，很容易引起晚疫病的发生流行。

（三）对光照的要求

"万物生长靠太阳"，马铃薯也不例外。光照也是马铃薯正常生长不可缺少的条件。有了阳光，叶片中的叶绿素才能进行光合作用，把吸收到体内的水分、肥料和二氧化碳等制造成可供植株生长、人畜食用的营养物质。马铃薯是喜光作物，其植株的生长、形态结构的形成和产量的多少，与光照强度及日照时间关系密切。马铃薯在幼苗期、发棵期和结薯期，都需要有较强的光照。只要有足够的强光照，并在其他条件能得到满足的情况下，马铃薯就会茎秆粗壮，枝叶茂密，容易开花结果，并且薯块结得大，产量高；而在弱光条件下，则只会得到相反的效果。比如在树荫下种植的马铃薯，由于光照不足，茎秆细瘦，节间很长，分枝少，叶片小而且稀疏，结的薯块小，产量低。马铃薯在各生长期对日照时间的要求不一样，在发棵期喜欢长日照，在结薯期要求白天的光照强度要强，日照时间要短一点，最好有较大的温差，这样才有利于结薯和积累养分，使块茎个头大，干物质多，产量高。我国马铃薯的主产区东北、西北地区，华北北部地区和西南山区，或者是海拔高，或者是纬度高，因而阳光充足，光照强，温差大，这样的自然条件非常有利于马铃薯的生长。另外，光照对马铃薯幼芽生长有抑制作用，在光照充足的条件下，幼芽生长很慢，植株茎秆粗壮，颜色发紫。这样的幼芽种到地里能长出健壮的植株，有利于增产，人们把这种芽称作"短壮芽"。在生产中可以通过采取不同农艺措施，使阳光更好地发挥有利作用，避免不利影响。比如根据不同品种的植株高矮、分枝多少、叶片大小和稀密程度等情况，调整种植的垄距和株距，使密度合理，各植株间不相互拥挤，避免枝叶纵横重叠，使底部的叶片也能见到阳光，又能通风透气等，这样就可最大限度地保证叶片都能接受到强光的照射，从而有利于光合作用的进行和有机物的制造。再比如马铃薯同高秆作物间套种时，要充分考虑马铃薯对光照的特别要求，合理安排间隔和带幅，尽量减少共生时间，降低遮光的影响，充分利用土地和阳光，达到提高产量和产值的目的。

（四）对土壤的要求

土壤是植物生长和发育的基地，不同植物对土壤有不同的要求。马铃薯除了根系和地下茎生长在土壤里，它的收获物——块茎也是在土壤中形成和长大的，所以它同土壤的关系比禾谷类作物与土壤的关系更为密切。土壤不仅给马铃薯提供载体，使植株有了落脚扎根之地，同时也为植株提供肥料、水分等制造有机营养的原料和氧气，使植株健壮成长，并为块茎膨大生长提供松软、不受限制的环境。轻质壤土和沙壤土最适合马铃薯生长。这两种土壤疏松透气、富有营养、水分充足，给块茎生长提供了优越舒适的生长条件，还为农艺措施的实施，如中耕、培土、灌水、施肥等提供了方便。但是，也并不是没有这样的土壤就不能种植马铃薯。因为马铃薯的适应性比较强，而且可以采取一些行之有效的措施。比如黏重的土壤，可以用高垄栽培的方法，垄距大一些，注意排水，在中耕、培土、除草时要掌握墒情，及时管理；沙性土壤易漏水漏肥，种植马铃薯时要增施农家肥并分期施化肥，注意保墒，同时深种深培等。马铃薯喜欢微酸性和中性土壤，最适 pH 为 4.8～7.0，若是种在偏碱的土壤里，薯块易得疮痂病。土壤碱性过大会使植株停止生长，过酸时植株易早衰，都不能种植马铃薯。

（五）对二氧化碳的需求

二氧化碳是光合作用的重要原料，也是光合强度的重要限制因素。大气中二氧化碳浓度很低，在马铃薯生产农艺措施中增加二氧化碳的途径为增施有机肥及用碳酸氢氨作种肥和追肥。

四、马铃薯生长发育所需营养元素

马铃薯产量的高低和品质的优劣主要受品种特性影响，外部环境除土壤、气候等因素外，以矿质营养元素为主的肥料影响最大。随着肥料施用量的增加，马铃薯产量随之增加。但是，当肥料的施用量达到一定值时（接近或超过土壤最大容量和马铃薯最高产量需求时），利用率逐渐降低，产量不再增加。会导致土壤酸化，养分过剩，土壤本身物理、化学和生物学性质发生改变，生态环境遭到破坏，使马铃薯产量和品质降低。

研究表明，健康生长的马铃薯植株体内含有几十种元素，但马铃薯生长发育不可缺少的、不能替代并直接参与植物新陈代谢的必需营养元素只有 16 种，分别是碳、氢、氧、氮、磷、钾、钙、镁、硫、铁、锰、锌、铜、钼、硼、氯。其中碳、氢、氧主要从水、（空气中的）二氧化碳获得，是构成碳水化合物的主要成分。马铃薯吸收矿质营养元素最多的是氮、磷、钾，其次是少量钙、镁、硫和微量元素铁、硼、锌、锰、铜、钼、氯等，共同参与并促进光合作用的生理生化过程。

（一）碳、氢、氧元素

碳、氢、氧三种元素在马铃薯块茎和植株体内含量最多，占总重量的95%以上，是马铃薯块茎和植株的主要组成成分，它们以各种碳水化合物（如淀粉和纤维素等）形式存在，是细胞壁的组成物质。它们还可以构成马铃薯体内的活性物质，如生长调节物质。它们也是糖、脂肪、酸类化合物的组成成分。此外，氢和氧在植物体内生物氧化还原过程中也起到很主要的作用。由于碳、氢、氧主要来自（空气中的）二氧化碳和水，因此一般不考虑肥料的施用问题。

（二）氮元素

氮元素是构成蛋白质的主要成分，对马铃薯茎叶的生长、光合作用、块茎产量、干物质积累等有重要作用。氮元素还是某些植物激素如生长素，维生素 B_1、维生素 B_2 等的成分，它们对生命活动起重要的调节作用，直接影响细胞的分裂和生长。植株体内氮素浓度高低反映植株生长势的强弱。此外，氮是叶绿素的成分，马铃薯叶片中的氮素浓度高低反映叶片光合活性的大小，与光合作用有密切的关系。

适当地增施氮肥有利于促进蛋白质和叶绿素的形成，使叶色深绿，叶片面积增大，促进碳元素的同化，有利于产量增加，品质改善。但是，如果氮肥过量，又会引起植株疯长，打乱营养分配，大量营养被茎叶生长所消耗，减少块茎数量，延迟块茎形成时间，造成块茎晚熟和个小，使干物质含量降低，淀粉含量减少等。同时氮肥过多的地块所生产的块茎不好贮藏，易染病腐烂。

马铃薯缺氮时，叶片面积小，为淡绿色到黄绿色，中下部小叶边缘褪色呈淡黄色，向上卷曲，提早脱落，根系变细，根量减少，植株变矮，茎细长，分枝少，生长直立，开花早。氮素严重缺乏时，影响叶绿素的形成，光合作用不能顺利进行，叶片黄化，植株死亡。

（三）磷元素

磷元素是形成细胞核蛋白、卵磷脂及加速细胞分裂的必需元素，又是光合作用、氮代谢、脂肪代谢等一系列重要生理代谢过程的必须参与者，促使根系和地上部加快生长，促进匍匐茎的形成，提早成熟，提高果实品质。马铃薯生长发育期供给正常的磷元素，能加速细胞分裂和增殖，促进植株生长发育，并有利于保持优良品种的遗传特性。充足的磷营养能提高植物抗旱、抗寒、抗病、抗倒伏和耐酸碱的能力。特别是作物生育早期，充足的磷营养对马铃薯的生长发育、块茎形成和膨大、干物质和淀粉的积累及优质高产有重要的促进作用。否则，生长受到抑制，根系发育不良，而且这种影响即使以后大量补给磷也难以完全弥补。

马铃薯缺磷时，植株瘦小，根系发育不良，植株生长缓慢。严重缺乏时，顶端生长停滞，叶片、叶柄及小叶边缘有皱缩，下部叶片向下卷曲，叶缘焦枯，叶色暗绿，严重时变为紫红色，老叶提前脱落，块茎内有时会产生一些铁锈色斑点，煮熟时锈斑处发脆，影响食用。

（四）钾元素

钾元素是多种酶的活化剂，调节细胞的渗透压，在代谢过程中起着重要作用，可延缓叶片衰老，提高光合作用的强度，促进作物体内淀粉和糖的形成，增强作物的抗逆性和抗病能力，提高作物对氮的吸收利用。马铃薯属于喜钾作物，生长发育、块茎中淀粉的积累以及光合产物的运输等都离不开钾元素。充足的钾肥可以使马铃薯植株生长健壮，茎秆粗壮坚韧，增强抗倒伏、抗寒和抗病能力，并使薯块变大，蛋白质、淀粉、纤维素等含量增加，减少空心，从而使产量和品质都得到提高。

马铃薯缺钾时，生长缓慢，叶面粗糙，皱缩并向下卷曲，叶面积缩小。小叶排列紧密，与叶柄的夹角变小。节间缩短，植株弯曲。初期叶片暗绿，以后变黄、变棕色，由绿色变为暗绿，最后变成古铜色，叶片颜色变化由叶尖及边缘逐渐扩展到整个叶片，下部老叶干枯脱落，块茎内部带蓝色晕圈。根系不发达，匍匐茎变短，块茎小，产量低，质量差，煮熟的马铃薯块茎的薯肉呈灰黑色。

（五）钙元素

钙元素是构成细胞壁的重要元素，它与蛋白质分子相结合，是质膜的重要组成成分。钙离子是某些酶的活化剂，因而影响植物体的代谢过程。它对调节介质的生理平衡有特殊功能。植物缺钙元素时，植株变矮小，植株根尖和顶芽的生长停滞，根系发育不良，根尖坏死、根毛畸变。茎和叶及根尖的分生组织受损。新叶失绿、变形，呈弯钩状，叶片皱缩，叶片边缘卷曲、黄化。钙元素严重缺乏时，植物幼叶卷曲，新叶抽出困难，叶尖之间发生粘连现象，叶尖和叶缘发黄或变焦枯坏死，根尖细胞腐烂死亡。畸形小块茎增多。块茎表面及内部维管束细胞出现坏死现象。应该注意的是，植物钙元素缺乏往往不是由于土壤缺钙，而是植物体内钙离子的吸收和运输等生理作用失调所造成。

（六）镁元素

镁是叶绿素的组成部分，也是许多酶的活化剂，与碳水化合物的代谢、磷酸化作用、脱羧作用关系密切。马铃薯是对镁元素比较敏感的作物。马铃薯镁元素缺乏时首先表现在老叶上，老叶的叶尖、叶缘褪绿，由淡绿变黄再变紫，随后向叶基部和中央扩展，但叶脉仍保持绿色，在叶片上形成清晰的网状脉纹路，后期下部叶片增厚变脆。严重时，植株矮小，叶片失绿变为棕色而坏死、脱落。块茎生长膨大受抑制。

（七）硫元素

硫元素是构成蛋白质不可缺少的成分，含硫有机物参与马铃薯呼吸过程中的氧化还原作用，影响叶绿素的形成。

马铃薯硫元素缺乏与缺氮时的症状相似，叶色变黄，比较明显。一般症状是植株矮，叶细小，叶片向上卷曲，变硬易碎，提早脱落，开花迟，结果、结荚少。

（八）氯元素

氯元素有助于钾、钙、镁离子的运输，并通过调节气孔保卫细胞的活动而控制膨压，从而控制水的损失。植物光合作用中水的光解需要氯离子。马铃薯植株可从雨水或灌溉水中获得所需要的氯元素，因此，很少出现马铃薯缺氯症状。如果马铃薯植株氯元素吸收过量，会影响马铃薯植株淀粉的合成，使马铃薯块茎品质降低。

（九）铁元素

铁元素主要集中于叶绿体中，缺铁时叶绿素不能形成，是光合作用必不可少的元素。参与光合作用、硝酸还原、生物固氮等的电子传递。虽然铁元素在马铃薯中的含量不多，但它是马铃薯植株有氧呼吸不可缺少的细胞色素氧化酶、过氧化氢酶、过氧化物酶等的重要组成成分。由此可见，铁元素对呼吸作用和代谢过程有重要作用。铁在植物体中的流动性很小，老叶片中的铁不能向新生组织中转移，因而它不能被再度利用。

马铃薯植株缺铁时，初期叶脉间褪色而叶脉仍绿，叶脉颜色深于叶肉，叶肉与叶脉颜色界限清晰。严重时下部叶片常能保持绿色，而嫩叶上呈现淡黄色或失绿症状，顶部心叶白化。

（十）硼元素

硼元素不是植物体内的结构成分，但它对植物的某些重要生理过程有着特殊的影响。硼能促进碳水化合物的正常运转和细胞壁的形成。

马铃薯植株缺乏硼元素时，会造成叶内大量碳水化合物积累，影响分生组织的形成、生长和发育，并使叶片变厚、褪绿萎蔫、叶柄变粗、裂化，影响块茎的形成，植株生长受抑制，并影响产量和品质。严重缺硼时，根尖、茎端生长停止，出现水渍状斑点或环结凸起，幼苗期植株会死亡。

（十一）铜元素

铜元素是作物体内多种氧化酶的组成成分，在氧化还原反应中有重要作用。它还参与植物的呼吸作用，影响作物对铁的利用。铜与叶绿素形成有关。铜还具有提高叶绿素稳定性的能力，避免叶绿素过早遭受破坏，这有利于叶片更好地进行光合作用。

马铃薯生长发育时期缺乏铜元素时，植株叶绿素减少，叶片出现失绿现象，尖端凋萎。幼叶的叶尖因褪色失绿、弯曲内翻而黄化并干枯，最后叶片脱落。

（十二）锌元素

锌主要参与生长素（吲哚乙酸）的合成和某些酶系统的活动，是谷氨酸脱氢酶、苹果酸脱氢酶、磷脂酶等活化酶的组成元素。在植物体物质水解、氧化还原过程和蛋白质合成中起作用。叶绿素生成和碳水化合物形成也需要锌。锌可促进马铃薯植株生长和匍匐茎顶端膨大，增加结薯数，提高产量，改善品质，增强植株对晚疫病的抗性。

马铃薯植株缺乏锌元素时，生长受抑制，节间变短，叶片向上直立、变小，叶面上有灰色至古铜色的不规则斑点，叶缘向上卷曲。严重时，叶柄及茎上出现褐色斑点。

（十三）锰元素

锰元素是植物生长过程中多种酶合成的主要成分和活化剂，能促进碳水化合物的代谢和氮的代谢，与马铃薯生长发育和产量有密切关系。

锰元素与马铃薯光合作用放氧、呼吸作用以及硝酸还原作用都有密切的关系，能活化马铃薯体内的乙酰辅酶 A 羧化酶基因，对马铃薯体内氧化还原反应有重要作用。

马铃薯植株缺锰时，植株新叶叶脉间黄化，并有黑褐色小斑点，使叶面残缺不全，最后枯死脱落，光合作用受到抑制。

（十四）钼元素

钼元素是植物体生物催化剂的主要组成元素，在作物体内的生理功能主要表现在氮素代谢方面。钼参与硝酸还原过程，是硝酸还原酶的组成成分，影响水解各种磷酸酯的磷酸酶的活性。钼元素还能促进光合作用的强度以及消除酸性土壤中活性铝在植物体内累积而产生的毒害作用。

马铃薯植株缺钼元素时，植株体内维生素 C 合成减少，表现为植株矮小，生长受抑制，叶片失绿，枯萎以致坏死。

马铃薯主要病毒、传播及危害

一、马铃薯病毒的危害及传播

（一）马铃薯病毒的危害

马铃薯病毒病是马铃薯的主要病害。该病发生普遍，分布广，在各马铃薯种植区域均有发生。感染病毒的马铃薯危害也较严重，如果连年种植，通过块茎世代传递，通过块茎积累，使块茎品质变劣，产量逐年降低，一般减产20%～70%，严重的达80%以上，造成马铃薯退化。

马铃薯病毒病除侵染马铃薯外，还可侵染苜蓿、烟草等作物。目前已知感染马铃薯的病毒约有18种，类病毒1种，类菌原体2种，有9种专门寄生于马铃薯上的病毒（我国现已发现其中7种），其余9种侵染马铃薯的病毒均为来自其他寄主植物的病毒。

我国发现的7种寄生于马铃薯上的病毒为马铃薯X病毒（PVX）、马铃薯Y病毒（PVY）、马铃薯S病毒（PVS）、马铃薯M病毒（PVM）、马铃薯奥古巴花叶病毒（PAMV）、马铃薯A病毒（PVA）和马铃薯卷叶病毒（PL-RV）。其余9种侵染马铃薯的病毒，目前国内发现并报道的只有3种，即马铃薯杂斑病毒（AMV）、烟草脆裂病毒（TRV）和烟草坏死病毒（TNV）。自然侵染马铃薯的类病毒为马铃薯纺锤形块茎类病毒（PSTVd），是一种游离的低分子量核糖核酸，无蛋白质外壳，可引起马铃薯束顶病。侵染马铃薯的还有支原体，如马铃薯丛枝病等。

（二）马铃薯病毒的传播

马铃薯病毒的传播方法主要有汁液（接触）传播、昆虫媒介生物传播、种子和花粉传播等（表2-1）。马铃薯病毒的研究工作中通常采用的是机械传播方式（摩擦接种），以便可以在短时间内获得大量病毒材料。确定病毒的传播方式不但可以为防治提供依据，还可作为病毒鉴定的依据之一。

表 2-1　马铃薯主要病毒的传播方式

病毒	嫁接	块茎	汁液	昆虫	种子
PVX	＋	＋	＋	蚜虫	
PVY	＋	＋	＋		
PVA	＋	＋	＋	蚜虫	
PVS	＋	＋	＋	蚜虫	
PVM	＋	＋	＋	蚜虫	
PLRV	＋	＋	＋	蚜虫	
PSTVd	＋	＋	＋		＋

注：表中"＋"代表该方式传播该病毒。

1. 昆虫传播

（1）传毒昆虫种类。传播马铃薯病毒的昆虫主要有蚜虫、线虫、螨类、粉虱等，以蚜虫最为普遍。

（2）昆虫传毒过程。昆虫传播病毒的过程可分为几个时期：①获毒（取食）期，是指介体获得病毒所需的取食时间。②循回期，是指介体从获得病毒到能传播病毒的时间，即病毒在介体昆虫体内有一个循回过程（病毒在进入虫体以后须经过食道、脂肪体、中肠再到达唾液腺才能再传染的一个时期）。在循回型关系中也称潜伏期。③接毒（取食）期，是指介体传毒所需的取食时间。④持毒期，是指介体能保持传毒能力的时间。

传毒的害虫较多，如蚜虫、叶蝉、螨、粉虱、甲虫、蝗虫等均可传毒。最普遍的是蚜虫传毒，蚜虫中以桃蚜传毒为主，传播持久性病毒和非持久性病毒。马铃薯卷叶病毒为持久性病毒，X 病毒、A 病毒、M 病毒和 S 病毒的一些株系均属非持久性病毒。蚜虫取食病株后，病毒保存在吻针上，不进入体内，再取食健康植株时可通过吻针传毒，这种传毒方式为非持久性传播。蚜虫取食病株时，病毒进入蚜虫体内，最少经过 1 h 之后再取食健康植株时才能传毒，这种方式为持久性传播。持久性病毒需在蚜虫体内繁殖，而后经吻针传毒，不像非持久性病毒可在取食后瞬间传毒。螨类、粉虱可传 Y 病毒；咀嚼式口器的害虫可传播 X 病毒和纺锤形块茎类病毒；叶蝉可传播紫顶萎蔫病。

（3）马铃薯病毒的主要传播者——蚜虫的危害。各种病虫害会对马铃薯生产造成巨大影响，其中，蚜虫的危害不仅在于蚜虫对马铃薯植株的刺食，更在于蚜虫所携带和传播的病毒病。蚜虫可以造成植物生长缓慢、停滞或变形，严重时可造成植物枯萎，降低产量。同时，蚜虫还是植物病毒传播介体，病毒病危害与蚜虫直接危害相比，造成的损失要更加严重。因此，蚜虫对马铃薯尤其是种薯生产造成严重的质量危害，进而造成农业生产上的重大损失。

蚜虫又名腻虫、蜜虫等，昆虫纲半翅目胸喙亚目，刺吸式口器，常危害植物叶片、顶芽、花蕾、嫩茎等部位，刺吸植物汁液，会造成叶片畸形、卷曲、皱缩，严重的甚至可导致整株植株枯萎死亡。同时蚜虫还会分泌蜜露，使煤污病、病毒病等发病概率大大提高。蚜虫在亚热带地区和北半球温带地区分布较多，热带地区只有少量分布。全球已知约 4 700 余种，我国约 1 100 种。

蚜虫传播植物病毒的能力非常强，可以传播自然界中超过 60% 的植物病毒。植物病毒、蚜虫、寄主植物三者间形成的生态关系非常复杂，其中蚜虫无疑是最为重要的一环，它不仅可以直接危害寄主植物，还可以传播植物病毒。在完整的生活周期内，较明显的有翅蚜至少会出现 3 次迁飞，分别出现在春季、夏季和秋季。蚜虫的生活习性将会造成马铃薯生产中病毒病的广泛传播，从而造成马铃薯尤其是种薯中病毒含量增加，质量下降。

2. 接触传播

由于田间植株间接触，农事操作人员的行走或农机具污染及动物活动等造成病毒传播。可通过病株与健康植株摩擦等产生的伤口传播。

又称为机械传播或汁液传播。接触传毒的方式是多种多样的。由于病毒存在于表皮细胞，浓度高、稳定性强，如田间健康植株与病株枝叶接触，因风的吹动可使病株与健康植株相互摩擦感染病毒。在贮藏过程或催芽后，健康的块茎幼芽与感染病毒的幼芽在运输过程摩擦也可传病。人在田间操作时用的农具和人的衣物接触病株经摩擦带毒后又与健康植株接触，可把病毒带到健康植株上。用切刀切割种薯时，切了病薯又切割健康种薯，即可使健康种薯感病。还有咀嚼式口器昆虫，如甲虫、蝗虫等咬食病株后又咬食健康植株，也可使健康植株感病等。

通过接触可传播的病毒有马铃薯 X 病毒、S 病毒、A 病毒和纺锤形块茎类病毒等。Y 病毒可在田间植株与植株间接触传播，据研究不通过切刀传播。

3. 种子和花粉传播

已知的马铃薯类病毒可通过种子、花粉传播病毒。

4. 线虫传播

线虫通过口针取食时可把病毒吸入体内，再于健康植株幼根上取食时传入病毒。

5. 真菌传播

真菌传播病毒就是常说的土壤传播病毒。土壤传毒并不是土壤本身传播病毒，而是土壤中的线虫或真菌孢子可以把病毒传染给健康植株。真菌孢子在土壤中存活的时间因病毒种类不同有很大差异。其中传播马铃薯 X 病毒的癌肿病菌在土壤中可存活 20 年。

（三）病毒在马铃薯体内的移动

1. 通过胞间连丝移动

病毒粒体通过胞间连丝在细胞之间移动，并促进细胞产生运动蛋白去修饰胞间连丝，使其孔径扩大，以便于侵染性病毒粒体的通过。系统侵染的病毒在马铃薯植株组织中的分布是不均匀的。一般来讲，生长旺盛的马铃薯植株如茎尖、根尖，分生组织病毒含量较少，这也是通过分生组织培养获得无毒马铃薯植株的依据。

2. 通过韧皮部移动

病毒在马铃薯体内的长距离移动主要通过韧皮部完成。病毒在马铃薯组织内的移动是被动的，但它不完全是一种被动的转移，如果没有病毒编码的蛋白，这种运输也不能发生。

（四）马铃薯病毒的物理特性

在马铃薯病毒的研究过程中，人们发现不同的病毒在外界条件下的稳定性不同，这便成为区别不同病毒的依据之一。主要有以下 3 个物理化学特性指标。

1. 稀释限点

稀释限点是指马铃薯植株或块茎内的汁液稀释后能传染病毒的倍数，一般用 10^N 表示，是保持病毒侵染力的最高稀释度，它反映病毒的体外稳定性和侵染能力，表示病毒浓度的高低。

2. 钝化温度

将病毒处理 10 min 使其丧失活性的最低温度就是病毒的钝化温度，用摄氏温度表示。大多数植物病毒的钝化温度在 55～70 ℃。

3. 体外存活期

病毒抽提液在室温（20～22 ℃）条件下保持侵染力的最长时间是病毒的体外存活期。大多数病毒的体外存活期在几天到几个月。

二、马铃薯的主要病毒

（一）马铃薯卷叶病毒

马铃薯卷叶病毒（PLRV）可引起马铃薯卷叶病，是造成马铃薯退化的主要病毒之一。在所有种植马铃薯的国家非常普遍发生，易感品种的产量损失可高达 90%。1916 年，Quanta 等首次报道了此病毒，也是首次发现的马铃薯病毒。

1. 病原

马铃薯卷叶病毒为黄化病毒组，病毒粒体稀释限点为 10^4 倍，钝化温度为 $70 \sim 80$ ℃，体外存活期为 $3 \sim 5$ d，低温下存活 4 d。在感病细胞的细胞质中可形成内含体，细胞质中的内含体可形成结晶，内含体内包含成熟的病毒粒体。在感病组织中，细胞会出现变化，例如在茎和柄部韧皮部细胞中，细胞壁加厚，块茎筛管纤维有硬块积累。

2. 症状特点

PLRV 病毒在寄主体内含量低，主要集中于寄主维管束中。在田间一般具有典型而易于识别的症状：带毒植株通常表现为叶片挺直，病叶边缘向上翻卷，叶片黄绿色，严重时呈筒状，但不表现皱缩。叶质厚而脆，呈皮革状，稍有变白，有时叶背呈紫色。一些品种幼叶沿边缘开始呈粉红色至红色或银黄色卷叶症状。植株通常明显矮化，个别植株早枯。部分感病品种在块茎上出现网状坏死等症状。一些品种主要在生长前期出现症状，后期症状可消失。

当年感染植株的症状是顶部直立、变黄，小叶沿中脉上卷，叶基部常有紫红色边缘。继发感染的植株，出苗后 1 个月，底部叶片卷叶，逐渐革质化，边缘坏死，叶背部变为紫色。同时，上部叶片也呈现褪绿、卷叶，背面变为紫红色。重病株矮小、黄化，感染病毒的植株块茎维管束网状坏死，萌发后能生出纤细芽（图 1）。

3. 分布与危害

马铃薯卷叶病是危害马铃薯生产的重要病害，在世界各马铃薯种植区均有发生。目前在我国东北、中原、西北、西南、华南等地均有发生。

PLRV 可严重影响马铃薯的产量和品质，对世界各马铃薯种植区都造成了严重的经济损失。PLRV 每年在全世界范围内造成马铃薯产量的损失可达 200 万 t。我国自 20 世纪 70 年代以来，随着马铃薯种质资源的变化，PLRV 已成为生产上最主要的病原之一，发病严重时每年引起的产量损失可达 $30\% \sim 90\%$。

4. 传播途径

PLRV 可通过种薯传播，不能通过摩擦进行汁液传播，种子和花粉也不能传播，但能经蚜虫和人工嫁接传播。在田间，马铃薯卷叶病毒可由多种蚜虫传播，其中桃蚜传播效率最高。病毒在昆虫介体中可以增殖，以持久性方式传播。病毒在蚜虫体内，蚜虫可终生带毒，但不传给后代。

（二）马铃薯 X 病毒

马铃薯 X 病毒（PVX）可引起马铃薯普通花叶病（马铃薯轻花叶病）。马铃薯 X 病毒是马铃薯重要的病毒之一，是发现最早、传播最广的一种马铃薯病毒病。

1. 病原

PVX 是马铃薯 X 病毒属的典型病毒。病毒粒体散生在植物体的细胞质内或集结成束状。病毒的钝化温度为 68～75 ℃，稀释限点为 10^5～10^6 倍，体外存活期为 40～60 d，有时可长达 1 年以上。PVX 在感病细胞中可形成内含体，内含体主要出现在细胞核附近。细胞中的内含体为非结晶的 X 体结构，内部含有成熟的病毒粒体。

2. 症状特点

大多数马铃薯品种都感染马铃薯 X 病毒，但因 PVX 病毒株系、马铃薯品种、植株生长的环境条件不同，马铃薯上在症状表现上存在较大的差异。马铃薯感染 PVX 后，植株生长比较正常，叶色减退，浓淡不匀，有明显的黄绿花斑，在阴天或晴天面向阳光照射的方向俯视叶片，可见黄绿相间的斑块。有时出现严重的皱缩花叶，植株矮化，植株由下向上枯死，块茎变小（图 2）。

3. 分布与危害

PVX 在世界各马铃薯种植区均有分布，危害马铃薯、辣椒、烟草等作物。目前在我国东北、中原、西北、西南、华南等地均有发生。

PVX 单独侵染可使马铃薯减产 15% 左右。一般因种植品种、侵染病毒的株系以及环境条件的不同，马铃薯症状有很大差异，危害严重时减产可达 50%。在田间，PVX 常与其他病毒混合侵染，给马铃薯的生产造成严重危害。例如，PVX 与 PVY 复合侵染，危害严重时产量损失高达 80% 以上。

4. 传播途径

PVX 可通过种薯运输远距离传播，但不能通过马铃薯种子和花粉传播。在田间也可由根和叶片通过汁液摩擦传播，可通过人、动物及工具接触和摩擦进行传播。在贮藏期间，带病薯块上的芽与健康薯块上的芽相互接触亦可传播。PVX 可通过蚜虫以非持久性方式传播。菟丝子的种子、马铃薯癌肿病菌的孢子可传播 PVX，咀嚼式口器的昆虫可传播 PVX。

（三）马铃薯 Y 病毒

马铃薯 Y 病毒（PVY）是导致马铃薯病毒病发生的重要病毒，在世界各马铃薯种植区均有广泛分布，严重危害马铃薯的生产。其引起的马铃薯病害一般有马铃薯重花叶病、条斑花叶病、条斑垂叶坏死病、点状条斑花叶病等。

1. 病原

PVY 是马铃薯 Y 病毒科马铃薯 Y 病毒属的代表种。病毒稀释限点为 10^2～10^3 倍，钝化温度为 52～62 ℃，体外存活期为 1～2 d。在感病细胞的细胞质和细胞核内可出现内含体。PVY 具有多个不同特性的株系，包括 PVY^O

株系（普通株系）、PVY^N 株系（烟草叶脉坏死株系）、PVY^C 株系（条痕花样株系）等。

2. 症状特点

马铃薯植株被 PVY 侵染后，可表现出重花叶、叶脉坏死和垂叶条斑坏死等症状。由于马铃薯品种间的感病性和病毒株系间的毒性不同，PVY 的症状表现类型和发病程度会不同。

受到 PVY^{O}株系和 PVY^{C}株系侵染后，马铃薯叶片出现斑驳黄化，叶片变形、出现坏死斑或卷曲、叶脉坏死，茎出现坏死条纹，可引起重花叶症状，叶片下垂，可倒挂在马铃薯植株上，茎部提早死亡。PVY^{C}株系侵染的马铃薯植株有时顶部叶簇生，而茎秆下部叶片稀少。

但当马铃薯植株受到中等毒性的株系侵染时或马铃薯为耐病品种时，叶部症状可能表现较轻，无任何坏死症状，也不会出现叶片下垂或幼苗提早枯死等症状。受到 PVY 株系侵染后，马铃薯叶片产生轻度斑驳症状，偶尔会产生叶片坏死症状（图 3）。

PVY^O、PVY^C 和 PVY^{N}株系侵染的马铃薯块茎均会出现严重退化，变小。

3. 分布与危害

马铃薯 Y 病毒能侵染 34 个属 170 余种植物，危害严重的作物有马铃薯、烟草、番茄、辣椒等。大量研究表明，在我国各地均有马铃薯 Y 病毒发生，其中北方地区发病情况更为严重。

PVY 导致马铃薯退化，降低马铃薯产量，减产幅度可达 $30\% \sim 50\%$，严重的可减产 $50\% \sim 80\%$，特别是其他病毒与马铃薯 Y 病毒等混合感染时，花叶皱缩，造成更为严重的损失。为防止该病害的发生，通过种薯脱毒等措施进行防治。

4. 传播途径与流行

PVY 主要通过蚜虫以非持久方式传播和通过汁液摩擦传播，也可由种薯种苗调运进行远距离传播。

蚜虫主要集聚在新叶、嫩叶和花茎上，以刺吸式口器刺入植物组织内吸取带病毒的汁液后获得病毒，获毒后即可传毒。例如桃蚜取食 5 s 即可获毒。蚜虫仅在短时间内保持其侵染性，一般不超过 1 h，因此蚜虫介体仅能在短距离内传播病毒，如遇强风也能传播得很远。在蚜虫中，桃蚜是 PVY 非常重要的传毒介体。蚜虫传毒效率与蚜虫种类、病毒株系、寄主状况和环境因素有关。带毒病叶片和健康叶片只摩擦几下，叶片上的茸毛稍有损伤，就有可能传播病毒。农事操作也可传播病毒。

PVY 的发生、流行与介体活动、植物品种、耕作栽培制度等关系密切。

（四）马铃薯 A 病毒

马铃薯 A 病毒（PVA）又称为马铃薯轻花叶病毒，是导致马铃薯病毒病发生的重要病毒，其引起的马铃薯病害一般称为马铃薯轻花叶病。

1. 病原

PVA 病毒粒体为线形，核酸类型为正单链 RNA。稀释限点为 10 倍左右，钝化温度 44～52 ℃，体外存活期为 12～18 h，冰冻干燥后病毒失活。该病毒一般在寄主活体上越冬。依据其在马铃薯上引起病害症状的程度，又分为较温和型的、温和型的、中度严重型的和严重型的病毒四种类型。

2. 症状特点

因品种和气候的不同，感染 PVA 病毒的马铃薯病叶会表现轻花叶，在叶脉上或叶脉间呈现不规则的浅色斑，暗色部分比健康叶片颜色深，叶表面粗糙，叶缘波浪状，有时不显症。一些敏感的品种表现为顶端坏死。感病的叶片通常是发光的，病株的茎枝向外弯曲，呈发散状。茎秆一般不受影响，偶尔表现为矮化（图 4）。

3. 分布与危害

PVA 在世界各马铃薯种植区均有广泛分布。我国于 1975 年在黑龙江省克山马铃薯田间首次发现此病，目前全国各地均有发生。

一般情况下，PVA 侵染马铃薯后可降低产量 40％以上，是对马铃薯危害较重的病毒之一。在一些马铃薯品种上，PVA 只引起轻微症状或无症状，减产不明显。当 PVA 与 PVX 或 PVY 复合侵染时，可严重危害马铃薯生产，减产可达 80％。

4. 传播途径与流行

至少有 7 种蚜虫以非持久的方式传播 PVA 病毒，包括桃蚜、百合新瘤蚜、棉蚜、马铃薯长管蚜等，其中桃蚜是最主要的昆虫介体，昆虫介体在传播该病毒时不需要其他辅助病毒，介体带该病毒后更有利于对其他病毒的传播。桃蚜获毒和接种各只需 20 s，并可在体内保持病毒活性 20 min，具有很高的传毒效率。此外，PVA 还可通过汁液、机械传播。可随种薯的种植而传播。目前，可传播 PVA 的蚜虫在我国的分布非常广泛，该病毒扩散的可能性很大，具有较大的流行风险，因此，具有一定的检疫重要性。

（五）马铃薯 S 病毒

马铃薯 S 病毒（PVS）也称为马铃薯潜隐花叶病毒，马铃薯感染此病毒后引起潜隐花叶症状。

1. 病原

马铃薯 S 病毒属香石竹潜隐病毒属。病毒粒体线形，直或稍弯曲，稀释限点为 1～10 倍，钝化温度为 55～60 ℃，体外存活期为 3～4 d。

PVS 存在 PVS^O 株系、PVS^A 两个株系，可通过 PVS 的外壳蛋白区分株系，前者在昆诺藜上引起局部坏死斑，后者引起系统斑驳症状。

2. 症状特点

PVS 侵染马铃薯引起轻度花叶皱缩或不显症。植株生长比较正常，叶片表现轻微花叶，叶色变浅，气温过高或过低则症状隐蔽，也有的品种感病后不表现症状。PVS 病毒单独侵染常常难以表现症状，危害严重的株系感染马铃薯品种后可观察到叶片青铜色、叶脉轻微下陷等明显的症状。一些品种如果早期感染可使叶片增厚而变短缩，植株发散状生长，中度斑驳，老叶上出现不均匀变黄的症状，叶片常变成古铜色及细小枯斑，或在叶片上出现小坏死斑（图 5）。

3. 分布与危害

马铃薯 S 病毒是马铃薯上的重要病毒之一，分布广泛，在世界各马铃薯种植区均有发生。我国的东北、中原、西南、华南和西北等地均有该病害的发生。

PVS 单独侵染时不表现症状，一般可使马铃薯减产 10％～20％。在田间 PVS 经常与其他病毒混合侵染，当与 PVX 或 PVM 混合侵染时，可减产 20％～30％。

4. 传播途径

PVS 可在马铃薯块茎中长期存活并通过种薯运输进行远距离传播。在田间，该病毒既可通过叶片接触传播，也可通过机械传播（PVS 的机械传播效率极高），亦可通过有翅蚜、桃蚜、长管蚜等昆虫传播。不同昆虫传毒能力不同，一般以蚜虫通过非持久方式传播为主。

（六）马铃薯 M 病毒

马铃薯 M 病毒（PVM）可引起马铃薯皱缩花叶病、马铃薯卷叶病、马铃薯叶脉间花叶病。

1. 病原

PVM 属香石竹潜隐病毒属。病毒粒体有一个线条状的螺旋对称衣壳。稀释限点为 10^2～10^3 倍，钝化温度为 65～70 ℃，20 ℃ 体外可存活 5～7 d。在寄主植物的任何部位均可检测到病毒，病毒主要存在于细胞质中。

2. 症状特点

马铃薯感染 PVM 病毒后在体内有一个积累过程，从感染病毒到出现严重症状最少需要经过 2 年以上时间，而出现矮化症状则至少需要 3 年时间。该病害有轻微症状（顶叶轻度卷曲，对生长无影响）、中度症状（顶部叶片卷曲，顶部轻度变形，对生长有一定影响）、严重症状（顶部严重变形，对生长影响严重，频繁出现脉坏死）和矮化症状（植株整体矮化、卷曲，叶脉、叶柄和茎秆坏死）四种类型（图 6）。

3. 分布与危害

PVM 病毒最早发现于欧美国家，目前该病毒在世界各马铃薯种植区均有分布。我国东北、西南、西北马铃薯产区均有发生。PVM 侵染马铃薯后一般减产 9%～49%，常因株系毒性的强弱、品种的抗病性和环境条件的不同而不同。

4. 传播途径

PVM 病毒可通过机械传播、嫁接传播，不能通过种子和花粉传播。可通过蚜虫以非持久性方式传播。

三、马铃薯类病毒和支原体

类病毒又称感染性 RNA、病原 RNA、壳病毒，是一种和病毒相似的感染性颗粒。类病毒是一类环状闭合的单链 RNA 分子。为了和病毒加以区分，故命名为类病毒。在天然状态下，类病毒 RNA 以高度碱基配对的棒状结构形式存在。类病毒能耐受紫外线和作用于蛋白质的各种理化因素，如对蛋白酶、胰蛋白酶、尿素等都不敏感，不被蛋白酶或脱氧核糖核酸酶破坏，但对 RNA 酶极为敏感。

类病毒与病毒不同的是，类病毒仅为裸露的 RNA 分子，棒状结构，无外壳蛋白及信使 RNA（mRNA）活性。类病毒是比已知病毒都小的能在宿主细胞内自主复制的病原体之一。能侵染高等植物，利用宿主细胞中的酶类进行 RNA 的自我复制，引起特定症状或植株死亡。可通过植物表面的机械损伤、花粉和种子传播。

目前世界上已发现的类病毒达 40 多种，其中多为植物类病毒。植物类病毒能引发多种疾病，例如番茄簇顶病、柑橘裂皮病、黄瓜白果病、椰子死亡病等。

（一）纺锤形块茎类病毒

马铃薯类病毒目前发现仅有纺锤形块茎类病毒（PSTVd）使植株黄化，可引起马铃薯纺锤块茎病、纤维化块茎病、块茎尖头病等，危害很大。

1. 病原

PSTVd 是具有侵染性的无外壳包被的小的环状单链 RNA，具有明显的二级结构，接种到寄主体内后可自我复制，具有致病性，类病毒在活体内可与寄主蛋白结合。在马铃薯中可引起不同的症状表现。

2. 症状特点

马铃薯感染 PSTVd 后，因品种或环境的不同而产生程度不同的症状。感病植株分枝减少，植株矮小，叶片与主茎成锐角向上耸起，顶部比较明显，叶片变小，顶叶卷曲，有时顶部叶片呈紫红色。块茎变小，变形为梭状和哑铃状。感病块茎较健康块茎芽眼变浅，芽眉突出，块茎表皮有纵裂口。

3. 分布与危害

PSTVd 是危害马铃薯产量和品质的主要病害。PSTVd 在非洲、亚洲、欧洲地区均有发生。在我国主要分布在北方马铃薯种植区。

PSTVd 具有强株系和弱株系，弱株系减产 20%～35%，强株系减产可达60%，是我国马铃薯种薯检疫规程中的主要检疫对象。

4. 传播途径

PSTVd 具有广泛的传播途径，昆虫、实生种子和接触都能传播，是唯一不能通过茎尖剥离脱除的病原。PSTVd 极易通过接触传播，通过病株与健株相互摩擦，农具、衣物、切刀等进行传播。PSTVd 还可通过花粉和胚珠传入马铃薯种子，并随种子传播。桃蚜、马铃薯甲虫、叶蝉等昆虫均可传毒。

（二）支原体

马铃薯感染支原体后，植株皮层增生和肥大，叶片褪绿黄化，腋芽大量增生，韧皮部畸形和坏死；植株侧枝丛生，具有短的节间和小叶，叶片扭曲变形并黄化。顶端茎秆变厚，矮化萎缩。块茎变小、纤维化、畸形等。

1. 病原

支原体是一类没有细胞壁、介于独立生活和细胞内寄生生活之间的最小型原核生物，大小为 0.1～0.3 μm。支原体广泛存在于动植物体内，形态多样，能通过滤菌器，可以分离培养，大多不致病，其致病性具有特异性。

2. 症状特点

马铃薯感染支原体后，主要表现为叶片黄化，发育畸形，出现丛枝病，块茎变小而畸形，品质变劣。

3. 分布与危害

支原体病害为近年来马铃薯生产中的主要病害，在我国的马铃薯主产区均有发生。

4. 传播途径

支原体极易通过接触传播，通过病株与健株相互摩擦，农具、切刀等进行传播。叶蝉、黄蜂、蝉（壁虱）等昆虫均可传毒。

四、马铃薯病毒症状田间识别技术

(一) 马铃薯感染病毒后的症状

病毒侵染马铃薯后，在马铃薯体内复制、繁殖、传递，改变了马铃薯体内的生理代谢活动，经过一定时间后，使马铃薯产生了一系列可以观察到的性状改变，这便是病害症状。病毒通过马铃薯植株或块茎的伤口侵入后，可进行局部侵染，主要表现为在侵染点形成局部斑点，然后从侵入点向全株扩散，最后使植株生长减缓、植株变矮、叶片色泽改变。田间感染马铃薯病毒病的植株出现花叶、斑驳、卷叶、黄化、矮化等现象。

(二) 马铃薯感染病毒后的外部特征

1. 花叶

花叶是马铃薯病毒病中最常见的症状。许多马铃薯病毒病通称为花叶病，例如马铃薯轻花叶、马铃薯重花叶等。花叶是指叶片的色素分布不均匀，在叶片上形成不规则的深绿、浅绿、淡绿、黄色或白色的杂色斑，杂色斑点轮廓清楚。如果变色的部分轮廓不清楚，则称为斑驳。典型花叶症状的杂色斑在叶片上的分布是不规则的，但也有局限在一定部位的，凡是在主脉间的称为叶脉间花叶。

2. 变色

变色是指整个马铃薯植株、整个叶片或叶片的一部分比较均匀地变色，最重要的是褪绿和黄化。褪绿是由于叶绿素减少而使叶片等表现为浅绿色。当叶绿素减少到一定程度就出现黄化。有些花叶病毒病早期症状也表现为叶脉的褪绿和黄化。有些病毒病可引起叶片部分或全部变为紫色或红色。

3. 环形斑

许多病毒病的症状是在叶片或其他组织上表现出环形斑或其他各种形状的斑纹，如PVY病毒可在马铃薯块茎表面产生坏死的环形斑。环形斑是由几层同心环形成的，各层颜色可不同。环形斑的表皮组织有时坏死，有时不坏死。

4. 坏死

坏死是一种主要的马铃薯病毒病症状。坏死的组织一般为褐色，也有枯黄色、银灰色或白色，一般会很快干枯。叶片组织的坏死可形成枯斑或环斑等。病毒一般为系统侵染，形成系统枯斑，在特定的品种上可能会局部侵染形成枯斑。有时病毒病先表现为叶脉的坏死，随后叶脉间组织也坏死或枯萎。

5. 矮缩

矮缩是指马铃薯植株各个部位的生长受到抑制，茎节缩短，叶片丛生，感病植株较健康植株矮小。典型的矮缩是指植株的整体生长受到抑制而不是畸形，但此情况较少见，一般会伴随一定程度的畸形。

6. 矮化

矮化是指马铃薯整株或某些器官生长受到抑制而致使植株矮小。马铃薯病毒病一般均可使马铃薯生长受到抑制，发病严重时更加显著。甚至不表现明显症状的病毒病（例如马铃薯 X 病毒病）也可使感病植株较健康植株稍矮一些。

7. 畸形

马铃薯畸形症状类型很多，如叶片出现高低不平的皱缩、叶片与主脉平行向上卷等。块茎变形成哑铃、纺锤、龟裂等。

（三）根据马铃薯外部特征判断是否感染病毒应注意的因素

在观察马铃薯感染病毒后的外部症状特征时，必须注意可能影响症状表现的一些因素。

1. 品种不同，症状不同

同一种病毒侵染不同品种马铃薯表现的症状和严重程度可能不同。有些品种虽然感病，但其植株上不表现症状。

2. 同一品种，生育期不同，症状有所变化

马铃薯病毒病的症状会随时间的推移而发生变化，有时候早期表现的症状后期会消失，如马铃薯卷叶病毒病经常会出现此情况。

3. 病毒侵染时间不一样，症状表现不同

马铃薯感染病毒后症状表现的程度与马铃薯受病毒侵染的时期有关，如果是种薯带毒或在马铃薯生长早期感病，会使田间症状表现严重。

4. 同一病毒不同株系的致病力不同

同一种马铃薯病毒的不同株系其致病力不同，感染不同株系，症状差异非常大。如 PVY^O 株系和 PVY^N 株系。

5. 不同病毒混合侵染与单一病毒侵染的症状表现不一样

马铃薯受到多种病毒混合侵染，其植株或块茎症状表现与单一病毒侵染后的症状表现不一样。

6. 气候条件不同，感染病毒的植株症状表现也不同

温度和光照等气候条件对感染病毒的马铃薯植株生长的影响非常大，例如在高温或低温或水肥充足的环境条件下，症状会隐藏而消失（隐藏病毒病症状），当环境条件改变后症状仍可再现。

（四）马铃薯感染病毒后的生理反应

马铃薯植株感病后细胞受到病毒的伤害，细胞的正常生理生化作用受到影

响，进而影响细胞的物质合成，最终导致植株的部分农艺特性降低。如马铃薯植株感染 PVY 和 PLRV 后，植株的株高、茎粗、单株鲜重、单株薯重都有不同程度的降低。

活性氧的变化可以作为植物生理生化变动的指标，病毒病是影响植物正常生理生化代谢以及导致植物过早衰老的重要因素。当植株受到病原物侵染后，植株体内活性氧含量将会增加，此时超氧化物歧化酶（SOD）、过氧化物酶（POD）、过氧化氢酶（CAT）等重要的内源性活性氧清除剂会被启动，并产生一系列不同程度的生化反应。研究表明，马铃薯植株感病后，SOD、POD、CAT 活性明显增强，丙二醛（MDA）含量明显增加，可能说明在病毒胁迫下植株体内产生了更多的活性氧自由基，植株需要启动并增强活性氧清除剂的清除能力，以保证植株自身的正常生长。

（五）马铃薯病毒病及病害分级标准

1. 花叶病毒病

0 级：无任何症状。

1 级：植株大小与健株相似，叶片平展，但嫩叶或多或少有大小不等的黄绿斑驳。

2 级：植株大小与健株相似或稍矮，上部叶片有明显的花叶或轻微皱缩，有时有坏死斑。

3 级：植株矮化，全株分枝减少，多数叶片严重花叶、皱缩或畸形，有时有坏死斑。

4 级：植株明显矮化，分枝少，全株叶片严重花叶、皱缩或畸形，有的叶片坏死，下部叶片脱落，甚至植株早死。

2. 卷叶病毒病

0 级：无任何症状。

1 级：植株大小与健株相似，顶部叶片微卷缩、褪绿或仅下部复叶由顶部小叶开始沿边缘向上翻卷成匙状，质脆易折。

2 级：病株比健株稍低，半数叶片成匙状，下部叶片严重卷成筒状，质脆易折。

3 级：病株矮小，绝大多数叶片卷成筒状，中下部叶片严重卷成筒状，有时有少数叶片干枯。

4 级：病株极矮小，全株叶片严重卷成筒状，部分或大部分叶片干枯脱落。

马铃薯病毒的脱除及检测技术

一、马铃薯病毒的脱除技术

马铃薯是无性繁殖作物，病毒和类病毒对植株的侵染通过块茎无性繁殖逐代增殖，从而造成马铃薯的退化，严重影响了马铃薯的产量和品质。多数病毒可以通过茎尖剥离、组织培养来脱除。马铃薯纺锤形块茎类病毒是唯一不能通过茎尖剥离、组织培养淘汰和脱除的类病毒。到目前为止，还没有特效药来防治马铃薯病毒，只能通过严格检测来淘汰和脱除。马铃薯病毒病是关系到马铃薯产业健康发展的重要病害，必须引起我们的高度重视。

当前脱除马铃薯病毒的常用方法有三种：茎尖剥离培养脱毒技术、热处理脱毒技术和超低温冷冻脱毒技术。其中在马铃薯上应用最广泛的是茎尖剥离培养脱毒技术和热处理脱毒技术相结合的方法。

（一）茎尖剥离培养脱毒技术

病毒在寄主体内的分布是不均匀的，生长点附近病毒的含量很低，甚至不含病毒。这是因为病毒繁殖运转速度与茎尖分生区细胞生长速度不同，病毒向上运输速度慢，而分生组织细胞增殖快，这样就使茎尖分生组织区域的细胞不含病毒。因此可以将茎尖作为外植体，通过组织培养的方法来获得无毒植株。

影响马铃薯茎尖脱毒成功率的主要因素有茎尖的大小和培养基的成分。茎尖越小，所取外植体含病毒越少，脱毒效果越好，但其不易成苗。培养基的成分影响茎尖培养的成苗率，适当提高钾盐和铵盐离子的浓度对茎尖生长和发育有重要作用。

1. 材料的选取

实践证明，同一品种个体之间在产量上或病毒感染程度上都有很大的差异，因此在进行茎尖组织培养之前，对准备脱毒的马铃薯品种材料进行田间株选和薯块选择是非常重要的，不仅能提高脱毒效果，而且直接关系到经过脱毒后的材料能否应用。首先由育种者或科技人员在马铃薯植株生长发育期内，选择具有品种典型性状、生育健壮的单株3～5株，收获时再根据育成品种块茎的特征特性进行选择，然后入选的块茎在室温条件下进行催芽处理（图7）。管理中应保持环境洁净，严格预防杂菌污染块茎及芽尖。田间代表性单株选择应在马铃薯生长旺盛时期进行，要注意以下几方面的问题。

（1）所选的植株必须符合目标品种的典型特征特性，包括植株性状、叶形叶色、花色与结实性、茎秆形状与颜色、块茎性状等生物学性状及成熟期等农艺性状。

（2）植株生长健壮，没有病毒病及真菌、细菌性病害危害症状，或选择病毒病病情指数低的植株。

（3）提早收获，选择单株产量和大薯率均高的单株。

（4）选择完全符合目标品种特征特性的薯块（包括皮色、肉色、薯形、芽眼、表皮光滑度等），无病斑、虫蛀和机械创伤的大薯块茎作为脱毒基础材料。

（5）马铃薯纺锤块茎病是由类病毒引起的一种病害，它也是引起马铃薯退化的一个重要原因。类病毒是一类没有蛋白质外壳的小分子量核酸，它可造成马铃薯20%～60%的减产。目前技术很难通过茎尖组织培养或化学抑制剂等方法将其脱除，大而健壮的薯块PSTVd含量极低或没有，因此只能在目标品种群体中寻找尚未被侵染的块茎，利用双向聚丙烯酰胺凝胶电泳（R-PAGE）等方法，筛选出未感染PSTVd的块茎，在此基础上进行其他病毒的脱除。

2. 催芽处理

入选的单株块茎，用1%硫脲＋5 mg/L赤霉素（GA_3）浸泡5 min以打破休眠，置于塑料盒中，在25 ℃黑暗条件下催芽处理7～10 d。

3. 消毒

等到薯块芽长到3～5 cm时剪取2～3 cm芽尖，用镊子剥去芽尖上的叶片。消毒时先将剥取的芽尖材料放置到玻璃瓶等容器中，瓶口用纱布包好，并置于自来水下冲洗40 min左右，然后在超净工作台内用2%～10%的次氯酸钠溶液浸泡10～15 min［或用0.10%～0.20%的升汞（氯化汞）溶液浸泡8～10 min］，再用70%酒精消毒10～20 s，最后用无菌水冲洗3～5次，并用消毒后的滤纸吸干材料表面的水分。消毒是否彻底，是得到脱毒苗的关键环节。因此，一定要按照要求严把消毒质量关，并且操作要小心，避免损伤组织。培养无菌苗。

4. 茎尖剥离

（1）茎尖培养基。 常用的茎尖分生组织培养基为MS＋0.1 mg/L GA_3＋0.1 mg/L 6-苄基腺嘌呤（6-BA）＋0.2 mg/L 维生素B_5，或MS＋2 mg/L 6-BA＋1 mg/L 萘乙酸（NAA）＋0.3 mg/L GA_3。

培养基中加蔗糖2%、琼脂0.7%，pH为5.8。

（2）茎尖剥离方法。 茎尖剥离（图8）要求无菌操作，所以，做好接种室的消毒是至关重要的。因此，剥离前应进行地面的清洁卫生工作，净化空气，并用 75％酒精喷雾降尘，同时用紫外灯照射 20 min，以减少空气中的病菌和灰尘，提高脱毒质量。

茎尖剥离是在经过消毒的双筒解剖镜（放大倍数 8～40 倍）下进行的，左手拿镊子固定材料，右手同时持解剖针层层剥掉幼叶，直至露出带两个叶原基的生长点时，切下只带一个叶原基的茎尖，并迅速接种到茎尖培养基上。外植体解剖时必须注意使茎尖暴露的时间越短越好，并在材料下垫一块湿润的无菌滤纸以保持茎尖的新鲜。同时动作要轻，以免损伤组织。每支试管接种一个茎尖，接完后封口，注明材料名称和接种日期。为防止交叉感染，解剖针、镊子等接种工具使用一次后应放入 75％酒精中浸泡，然后灼烧放凉备用。

马铃薯茎尖无毒区为 0.10～0.30 mm，但各种病毒之间存在差异，因此剥离的茎尖大小与茎尖所带病毒的数量有很大关系。茎尖越小，所带病毒越少；茎尖越大，所带病毒越多。但若剥离的茎尖太小，就会降低成活率。故剥离时要根据实际情况选择茎尖的大小。

（二）热处理脱毒技术

热处理脱毒技术是利用不同病毒经热处理后衣壳蛋白变性，病毒活性丧失的原理进行的。不同病毒的抗热能力是不同的，除由于衣壳蛋白分子结构的差异外，有许多外部因素也可以影响这种能力的高低，其中最主要的是病毒的浓度、寄主体内正常蛋白的含量以及处理的时间。

热处理脱毒技术有温汤浸渍处理和热风处理两种方法。前者由于温度难以控制，脱毒效果相对较差，很难达到彻底脱除病毒的作用。目前热处理脱毒多采用热风处理。马铃薯热处理脱毒技术就是在人工气候箱中，在一定的温度条件下对组培苗进行培养，钝化病毒，降低病毒繁殖系数，减缓病毒通过胞间连丝向茎尖分生组织传递的速度，并结合组织培养技术，从而达到脱除植物病毒、获得无病毒再生植株的目的。

1. 材料的选取

将需要脱毒的品种按茎尖脱毒处理方法培养无菌苗。

2. 变温培养

用带毒马铃薯无菌苗，选择 3 mm 左右的马铃薯茎尖分生组织，转接到 MS＋0.1 mg/L NAA＋0.5 mg/L 6-BA＋30 g/L 蔗糖的培养基上，置于湿度为 75％的人工气候箱中，在 1 000 lx 光照、37 ℃培养 4 h，31 ℃培养 4 h，交替处理培养 6 周左右。然后取其植株顶部 2～3 mm 的茎尖转接，在 22 ℃黑暗培养 8 h 和 1 000 lx 光照、34 ℃培养 16 h 的变温条件下培养 25 d 左右。再取其茎尖，转接到快繁培养基上，每个培养瓶扦插一个茎尖，并编号，正常光照

2 000 lx、温度 20～23 ℃培养。

采用茎尖培养与热处理结合的方式可有效脱毒。但时间不能太长，否则在脱除病毒的同时，也会钝化寄主组织中的抗病毒因子。两种温度交替使用效果最好。

（三）超低温冷冻脱毒技术

超低温冷冻脱毒技术是依据超低温对细胞的选择性破坏这一原理，同时结合组织培养技术从而达到脱除植物病毒、获得无病毒再生植株的目的。研究表明，植物病毒在植物体内的分布呈现不均匀状态，感病植株体内呈现距离分生组织越近的细胞内病毒含量越少的趋势，茎尖的分生组织细胞内不含病毒或含有很少的病毒，随着距离分生组织越远，病毒的含量就越多。植物茎尖分生组织的细胞较小、细胞质浓度大、液泡小，在超低温冷冻过程中，这些细胞由于含自由水少，所以形成较少冰晶，对细胞的破坏力小，因而抗冷冻能力强，冻死率低，经过液氮超低温处理后再经过培养，更易成活而形成植株个体。随着离分生组织越远，分化细胞的液泡也越大，水分含量较多，在低温过程中容易形成较多的冰晶，从而破坏细胞使其死亡。经过液氮－196 ℃的超低温处理后，大多数细胞受到了损伤而死亡，能够存活下来的仅有生长点的分生组织细胞。采用该技术可以选取 2 mm 长度的茎尖，大大提高成功率和脱毒率。超低温冷冻后再经过组织培养手段获得的完整再生植株就是不含病毒的植株，从而达到脱除病毒的目的。

超低温冷冻脱毒技术在脱除马铃薯病毒方面有广阔的发展前景，为未来马铃薯脱毒技术提供一条高效的新途径。马铃薯茎尖超低温冷冻脱毒技术的关键操作步骤见以下几方面，获得再生植株后，经过病毒检测（图 9）无病毒后进行组培快繁，用于生产马铃薯脱毒种薯。

1. 选择材料

马铃薯不同部位的组织经过超低温冷冻处理后，细胞的存活率有明显差异。一般细胞体积小、细胞质浓度大、液泡小的分生组织细胞会比液泡大的成熟的分化细胞再生能力强、成苗率高。通过研究发现，选择马铃薯茎尖分生组织作为处理对象，可以提高成苗率，有利于获得脱毒苗。

2. 预培养

目前最常用的预培养方式是在培养基中添加一些使细胞脱水的保护性物质，选用添加蔗糖、二甲基亚砜（DMSO）、甘露醇等成分的 MS 培养基。将要脱毒的马铃薯品种材料无菌苗转接在该培养基上，在 1 000 lx、0～5 ℃的条件下进行低温驯化预培养，使得马铃薯无菌苗细胞适度脱水，减少细胞内自由水含量，可以提高细胞的抗冷冻能力，从而提高成活率。

马铃薯茎尖可以切取 2～3 mm 大小，然后放在 0.3 mol/L 高蔗糖浓度的预培养基中预培养 1 d，光照 16 h，光照强度 2 000 lx。高浓度的蔗糖可增加培养基的渗透压，使得马铃薯茎尖组织的细胞脱水，从而减少细胞内自由水的含量。

3. 保护剂处理

常用的抗冷冻保护剂是能够穿透细胞膜的化合物二甲基亚砜和各种糖类物质，通过促进细胞膜对水分的通透性，降低细胞内水分冰点温度，避免胞内外形成冰晶，保护细胞内的核酸、蛋白质等生物大分子物质。保护剂的选择是超低温处理成功的关键因素，好的保护剂应该满足对细胞毒性小、易溶于水、解冻后容易从细胞中清洗掉等要求。目前常用 Sakai 于 1990 年创立的按照一定配方合成的多种保护剂复合液，被称为植物玻璃化溶液（plant vitrification solution，PVS）。

将预培养 1 d 后的马铃薯茎尖放到 PVS2 溶液中，其中 PVS2 溶液的成分为：MS＋30％（W/V）甘油＋15％（W/V）乙二醇＋15％（W/V）二甲基亚砜＋0.4 mol/L 蔗糖。具体方法是用移液管吸取 15 μL 的 PVS2 溶液，放在 0.03 mm 厚的 1.0 cm×4.0 cm 的铝箔上，然后将预培养后的马铃薯茎尖放到 PVS2 液滴中，室温 25 ℃下处理 20 min，成活率可达 90％。

4. 液氮冷冻处理

将包裹有马铃薯茎尖的铝箔在液氮中蘸一下，然后把铝箔放入 1.5 mL 离心管中，再将离心管置于液氮中超低温处理 1 h。

5. 解冻洗涤

对超低温处理后的材料需要马上进行解冻，常用的解冻方法有两种：一种是快速解冻法，适合于大多数材料，具体做法是将在液氮中冷冻 1 h 后的材料放于 25～40 ℃的水浴锅中解冻 1～3 min，完全融化后取出材料，避免水浴温度对细胞的热伤害以及保护剂对细胞的毒害作用。另一种是慢速解冻法，适用于经过低温驯化或者经过脱水处理的材料，把在液氮中处理 1 h 后的材料放在 0 ℃下慢速解冻 30 min 左右。

解冻后的材料一般都需要立刻洗涤，为了除去细胞内的高浓度保护剂，避免对恢复培养的影响。最常用的洗涤方法是在室温下用 1～2 mol/L 蔗糖浓度的培养液洗涤 10 min 左右。在无菌超净工作台中，将在液氮中处理 1 h 后的包裹马铃薯茎尖的铝箔从离心管中取出，然后迅速放入 1.2 mol/L 蔗糖浓度的液体 MS 培养基中洗涤 2～3 次，每次 10 min。

6. 恢复培养

经过洗涤后的材料需要立即转移到恢复培养基上进行培养。研究发现将材料先在黑暗或弱光下培养一段时间后，再在正常光照下培养有利于形成再生植株。

将洗涤后的马铃薯茎尖从无菌超净工作台中取出,用无菌纸吸去残留在材料表面的洗涤培养基,接种到固体恢复培养基(MS+0.1 mg/L NAA+0.5 mg/L 6-BA+1.0 mg/L GA$_3$)上进行培养。培养条件为先黑暗培养 7 d,再在弱光 1 000 lx 下培养 7 d,然后正常光照 2 000 lx 培养。当分化出根和芽后转接到 MS 培养基上,1 个月就可获得完整植株,统计成活率。

(四)脱毒处理苗病毒脱除检测

将茎尖剥离脱毒处理苗、热处理脱毒苗、超低温冷冻脱毒苗各株系繁殖到 3 瓶(25 株/瓶)左右后,用酶联免疫法或 PCR 技术进行病毒检测。检测前每个株系的后代留一部分保存,另一部分进行病毒鉴定。凡是检测后呈现阳性反应者全部淘汰,阴性反应植株经鉴定不带病毒的组培苗进行组培快繁,用于生产马铃薯脱毒种薯。

(五)脱毒苗品种真实性鉴定

1. 脱毒苗品种真实性鉴定的意义

品种真实性和纯度是种子质量的重要指标,对作物产量及品质具有直接的影响。因品种真实性和纯度问题造成大幅减产的事件时有发生,严重影响了农业生产。马铃薯脱毒苗是采用生物或物理技术经茎尖剥离处理、热处理和超低温冷冻处理获得的。在培养过程中,生长点由于受外界环境条件及生长激素的影响,易产生变异。所以,为了保持优良品种的特征特性,更好地为农业生产服务,对马铃薯脱毒苗品种的真实性进行鉴定显得越来越重要。

2. 脱毒苗品种真实性鉴定的方法

马铃薯品种真实性鉴定的方法很多,根据所依据的原理不同主要可分为形态鉴定、分子生物学鉴定、细胞学鉴定和田间鉴定等。

马铃薯形态鉴定又分为幼苗形态测定、植株形态测定和块茎形态测定。块茎形态测定简单快速,对于形态性状丰富的,可以作为鉴定前的简单分类,便于其他方法的利用。幼苗形态测定适用于幼苗形态性状丰富的品种,如彩色薯、野生种等叶片性状具有特色的品种,但因苗期所依据的性状有限,所以测定结果不太准确。植株形态测定依据的性状较多,测定结果较准确,如田间纯度检验和田间小区种植鉴定都属于植株形态测定,但植株形态测定需要时间较长,难以满足种苗快速繁育的需要。应用分子生物学方法可以在分子水平上快速鉴别脱毒苗品种是否保持了原有品种的特征特性。目前在品种真实性鉴定中主要有 DNA 分子标记指纹法、SSR 分子标记法和复合 PCR 方法。

二、指示植物诊断马铃薯病毒技术

(一) 指示植物

对一种病毒的侵染具有稳定感应反应的植物，它们大多能在感染病毒后很快产生比较独特而稳定的病害反应，据此可以判断有无该种病毒的存在。这种利用植物感染病毒后产生的病症反应来鉴别病毒种类的方法，就是指示植物鉴定法，用于鉴别病毒的植物称作指示植物，又称作鉴别寄主。利用指示植物鉴别马铃薯病毒的优点是方法简单、反应灵敏，只需要很少的毒源。缺点是工作量较大、需要种植大量植物和较大试验场地、耗时、费人工。气候或栽培条件会影响症状表现。

(二) 接种方法

马铃薯病毒的接种方法与其传播途径有关。马铃薯病毒的传播途径主要有汁液传播，汁液接种的具体步骤如下。

1. 配置缓冲溶液

一般常采用1%磷酸氢二钾和亚硫酸钠的混合液（将磷酸氢二钾 1 g 和亚硫酸钠 0.1 g 溶于 100 mL 冷冻的蒸馏水中即可）或磷酸盐缓冲溶液（0.01 mol/L，pH 7.2，称取磷酸二氢钠 2.9 g，磷酸二氢钾 0.2 g，溶于 1 L 水中即可）。

2. 样本采集

取需鉴定样本病叶 1 g 左右，加上述缓冲溶液 1.5 mL，在灭菌后冷却的研钵中研成匀浆。

3. 汁液提取

将研细的样本通过小块细纱布过滤至小试管中，试管放在冰水中备用。

4. 接种

双手戴乳胶手套，一手托住接种叶片，叶面喷撒金刚砂粉，用另一手指蘸接种液在叶面上轻轻摩擦接种，挂标签，标明接种日期。然后将试验植物放在 22～25 ℃的隔离温室中培养。

(三) 观察鉴定

马铃薯病毒的鉴定最初是观察马铃薯田间的症状。一些马铃薯病毒在田间的症状表现具有很强的特异性，可进行初步鉴定，在此基础上再进行指示植物鉴定。

接种后，要按时逐日观察接种的指示植物，特别是接种 4～5 d 后，注意观察病毒在指示植物上症状的感染发生情况。

（四）马铃薯主要病毒在指示植物上的症状表现

1. 马铃薯 Y 病毒在指示植物上的症状表现

（1）普通烟草接种 PVY 后，因普通烟草的品种和病毒株系的不同，所表现的症状特点亦有明显差异。

PVY^O 株系侵染后，产生系统性的明脉、网脉、脉间颜色变浅，形成系统斑驳或花叶症状，可引起烟草产生系统性的叶脉坏死或茎秆病斑。

PVY^N 株系侵染后，病株叶脉变暗褐色至无色坏死，叶片呈污黄褐色，有时坏死部分延伸至主脉和茎的韧皮部。病株根系发育不良，须根变褐，数量减少。病株茎部维管束组织和髓部呈褐色坏死。有些品种表现为病叶皱缩，向内弯曲，重病株枯死。

PVY^C 株系侵染后，发病初期植株上部 2～3 片叶先形成褪绿斑点，后叶肉变成红褐色坏死斑或条纹斑，叶片呈青铜色，有时整株发病。

（2）PVY 侵染洋酸浆叶片后，在室温下 10～15 d，叶片上出现黄褐色不规则的枯斑，以后落叶。

（3）白花刺果曼陀罗对 PVY 免疫。

2. 马铃薯 X 病毒在指示植物上的症状表现

（1）千日红叶片接种 PVX 后，5～7 d 在接种叶片上出现紫红环枯斑。

（2）普通烟草接种 PVX 后，产生系统环斑或斑驳，叶片表面凸凹不平，叶边缘不齐。

（3）毛曼陀罗接种 PVX 后，20 ℃下培养 10 d，叶片叶脉部出现病斑，顶部心叶花叶。

（4）辣椒叶片接种 PVX 后，10～12 d 叶片出现花叶症状。

（5）白花曼陀罗接种 PVX 后，10 d 心叶出现花叶症状，叶片可产生花叶和斑驳。

3. 马铃薯卷叶病毒在指示植物上的症状表现

（1）马铃薯感染 PLRV 后，叶片形成与叶脉平行的纵向卷曲，叶缘平齐，植株矮化，一般田间症状较明显，可直接识别。

（2）洋酸浆叶片接种 PLRV 后，20 d 可观察到明显症状，主要表现为系统的脉间褪绿，老叶轻微卷曲，植株矮化等症状。

（3）白花曼陀罗接种 PLRV 后，可产生系统的脉间黄化症状，出现系统卷叶。

（4）白菜、萝卜、蚕豆接种 PLRV 后，不能侵染，无症状表现，为免疫寄主。

4. 马铃薯 S 病毒在指示植物上的症状表现

（1）马铃薯被 PVS 病毒侵染后，可在叶片产生局部褪绿黄色斑点。老叶上斑点出现绿色晕环。PVS^o 株系侵染马铃薯后，植株表现为轻花叶症状。

（2）千日红接种 PVS 后，14～25 d 接种叶片出现红色、略微凸出的圆环斑小点。

（3）毛曼陀罗接种 PVS 后，出现轻微花叶症状。

（4）德伯尼烟接种 PVS 后，可形成系统性明显的叶脉，后期出现暗绿斑块花叶，严重时产生斑驳和坏死。

（5）瓜儿豆接种 PVS 后，在子叶上产生褐色的局部干坏死枯斑，无系统侵染。

（6）番茄接种 PVS 后，不能侵染，无症状表现，为免疫寄主。

5. 马铃薯 M 病毒在指示植物上的症状表现

（1）毛曼陀罗接种 PVM 后，10 d 形成褪绿或坏死性褐色局部枯斑，进而形成系统的多皱纹的褪绿斑驳，叶片自然脱落，植株矮化或死亡。

（2）千日红接种 PVM 后，12～24 d 接种叶片出现具有橘红色边缘的褪绿斑。

（3）德伯尼烟接种 PVM 后，形成无规则的褐色环状局部坏死枯斑，无系统侵染。

6. 马铃薯 A 病毒在指示植物上的症状表现

（1）三生烟接种 PVA 后，在接种叶片上产生系统性明显的叶脉和扩散的斑驳状。

（2）白肋烟接种 PVA 后，叶片形成系统性明显的叶脉，叶脉周围暗绿色。

（3）马铃薯接种 PVA 后，产生花叶、间隔出现清晰的暗绿色区。

（4）假酸浆接种 PVA 后，形成系统性紫色明显的叶脉、斑驳，严重时可产生坏死、多皱纹、矮化等症状。

7. 马铃薯纺锤形块茎类病毒在指示植物上的症状表现

（1）鲁特格尔斯番茄在 27～35 ℃和强光照 16 h 以上条件下，接种 PSTVd 汁液后，20 d 上部叶片变窄而扭曲，传播至全株。

（2）莨芳（虾蟆花）接种 PSTVd 后，7～15 d 叶片出现褐色坏死斑点。

（3）马铃薯感染 PSTVd 后，可依据品系、品种、环境的不同而产生程度不同的症状，如植株分枝及叶片减少，叶片与主茎成锐角向上耸起，顶部比较明显，顶叶卷曲，有时顶部叶片呈紫红色。块茎变小，由圆变长，变为梭状和哑铃状。与健康块茎相比较，感病块茎的芽眼变浅，芽眉突出，块茎表皮有纵裂口。

三、显微镜鉴别马铃薯病毒技术

（一）用显微镜检测马铃薯病毒的技术依据

1. 病毒内含体

植物感染病毒病后，在细胞可能出现四种内含体，即细胞质内的结晶状和非结晶状内含体，细胞核内的结晶状和非结晶状内含体。病毒的内含体大多都存在于寄主具有典型症状的部位，把它们做染色处理后，在显微镜下能够清晰地观察和识别。内含体小的必须通过电镜观察，大的可通过普通光学显微镜观察。

马铃薯病毒的内含体观察一般都选用新鲜的病叶进行切片检测。不同马铃薯品种，病毒往往产生不同类型和不同形状的内含体，如 PVX、PVS、PVM 病毒的内含体为无定形的 X 体，PVA、PVY 的内含体为风轮形状，PLRV 细胞质内含体可形成结晶等。利用这种不同的形状特征，通过显微镜观察可对不同病毒进行初步鉴定。

2. 病毒粒体

马铃薯病毒均具有特定形态特征的病毒粒体，如 PVY 和 PVA 为线状，弯杆形，大小为 730 nm×11 nm；PVX 为弯曲线状，大小为 515 nm×13 nm；PLRV 为球状，等轴对称，直径为 24～25 nm；PVM 和 PVS 为线形，直或稍弯曲，大小为 650 nm×12 nm 等。根据这些病毒粒体的大小、形态等方面的差异，可通过电子显微镜观察鉴定。

病毒粒体的形态和结构一直是植物病毒鉴定中的重要依据。不同病毒的粒体形态、大小不同，可以利用电镜技术对提纯的病毒样本或对带病组织汁液进行病毒粒体观察。将提纯的病毒样本或带病组织汁液直接滴在铺有支持膜的电镜铜网上，经负染后再进行透射电镜观察。

（二）电镜检测马铃薯病毒方法

用电子显微镜观察病毒最常用的是负染技术和免疫电镜技术。所谓负染，是指通过重金属盐在样品四周的堆积而加强样品外围的电子密度，使样品显示负片的影像，衬托出样品的形态和大小。免疫电镜技术是将免疫学中抗原抗体反应的特异性与电镜的高分辨能力和放大能力结合在一起，可以区别出形态相似的不同病毒。

1. 铜网的清洗和支持膜的制备

铜网具有透明支持膜，用于承载超薄切片或病毒粒体或带病汁液。铜网的功能有些类似于光学显微镜观察用的载玻片。在用电镜对样本进行观察过程中，要使用大量的铜网，铜网可以反复使用。

铜网一般为直径 3 mm 的圆形网，网的形态、大小、数量各有不同规格，可因试验的目的而加以选择。新铜网可用乙醇（酒精）消毒清洗，干燥后备用。用过的旧铜网先用乙酸戊酯浸泡 1～3 d，溶解支持膜，再用乙醇消毒清洗。也可将多次重复使用的铜网放在盛有浓硫酸的小烧杯内，摇动烧杯直至铜网发亮为止，然后用清水冲洗干净，再用乙醇清洗，干燥后备用。

铜网清洗干净后，保持干燥，附上透明无结构的支持膜，厚度不超过 0.02 μm，能够承受电子束的轰击。最常用的是福尔蒙瓦膜（Fonnvar）。其制备过程如下：用三氯甲烷配制 0.2%～0.3%福尔蒙瓦膜溶液，放置冰箱中备用。将洁净的载玻片垂直没入福尔蒙瓦膜溶液中，静置片刻，平稳取出，然后垂直立于一张滤纸上让多余液体流下，自然干燥后，用刀片沿载玻片边缘将膜的四周各划一条刻痕，然后将载玻片具有膜的一端水平地放在盛满蒸馏水的蒸发器中，薄膜即可与载玻片分离，漂浮于水面上。也可将载玻片垂直插入水中，这时载玻片两边的薄膜可同时脱离玻片，浮于水中，得到两个福尔蒙瓦膜。然后将铜网排放在膜上，再将滤纸轻盖于膜上，小心地将滤纸提起，晾干备用。

2. 负染技术

负染技术是指利用对电子散射力强的重金属配成染色液，滴在样品上，将样品包围起来，使样品周围的背景深，在暗的背景上显示出样品的精细结构，增加被包围样品的反差，提高电镜的分辨率。利用负染不仅能看到病毒的大小、形态，还能看到病毒粒体的亚单位结构。常用的负染色剂为 2%～4%磷钨酸盐液（pH 7.2 左右）和 2%～3%乙酸双氧铀（pH 4.2 左右）。

操作方法是取带病毒植物样品组织，加入 PBS 缓冲液（磷酸盐缓冲液）（pH 7.0）充分研磨，10 000 r/min 离心 1 min，取上清液 1 滴，直接滴在铺有福尔蒙瓦膜的电镜铜网上吸附 5～10 min，然后取下铜网用滤纸吸干，加 2%磷钨酸钾（pH 7.0）或 2%乙酸双氧铀（pH 4.0）1 滴，负染色 5 min，再用 10 滴双蒸水冲洗，以冲掉多余杂质，吸干水分后充分干燥，进行电镜观察。

3. 免疫电镜技术

免疫电镜技术是利用抗原抗体反应的特异性来区别形态相似的不同病毒。例如 PVY 和 PVA、PVS 和 PVM 等。具体操作方法主要有两种：聚集法和装饰法。

（1）聚集法。先用抗血清（或抗体）包被铜网上的支持膜，然后用此支持膜的特异性吸附功能捕捉病毒颗粒体，从而可提高视野内的病毒浓度，同时，特异性的抗血清或抗体对病毒粒体的吸附可起到血清学鉴定的作用。操作步骤如下：在 24 ℃条件下，将铜网悬浮于 1∶10 稀释的抗血清上 5～10 min，用

20 滴 0.1 mol/L 的 PBS 缓冲溶液（pH 7.0）冲洗，再用滤纸吸去多余液体，然后在铜网上加 1 滴病毒样品（带病组织汁液）。铜网在温室下保温 15 min，然后再用 20 滴双蒸水冲洗，吸去多余的液体后，用磷钨酸钾或乙酸双氧铀负染 5 min，吸干水分后充分干燥，进行电子显微镜观察。

（2）装饰法。先将病毒粒体吸附到铜网上，然后再加上抗血清或抗体，使抗体分子装饰或覆盖病毒颗粒，起到装饰和放大病毒粒体的作用，从而易于在电镜下观察。另外，如果只用一种病毒的抗血清或抗体进行检测，而当待检测马铃薯样品为多病毒混合感染时，只有与抗体分子结合的病毒粒体才是待检测的目标病毒，而不能与抗体分子结合的则不是待检测病毒。这样可将形态相似的不同类型病毒区分开来。具体操作步骤：将附有支持膜的铜网悬浮在带病组织汁液上吸附病毒粒体 10 min，然后用 20 滴 PBS 缓冲溶液或双蒸水冲洗，吸去多余的液体，然后加 1 滴抗血清于铜网上，在室温下保持 15 min，再用 PBS 缓冲溶液滴洗，滤纸吸去多余液体，用磷钨酸钾或乙酸双氧铀负染 5 min，吸干水分后充分干燥，即可进行电镜观察分析。

电子显微镜观察可获得病毒粒体的形态及大小等特征。马铃薯病毒的形态主要为直或弯曲的长线状和球状两种。测量病毒大小时，球状病毒一般测定 50 个，求其平均值即可；线状病毒在样品处理过程中易断裂，所以需要测定 100 个，求其平均值。

利用免疫电镜技术鉴定马铃薯病毒快速而且相当准确。省时，省料。例如采用免疫金标记技术对 PLRV 进行观察，发现病毒粒体被抗体和金粒子包被，细胞质中与病毒粒体相似的颗粒均无包被，此方法显示出良好的灵敏度。研究发现，延长病毒粒体的获取时间可显著增加病毒粒体捕捉量，在提取缓冲液中加入丙烯酸酯可改进对 PVY 的捕捉，但对 PVS 有副作用，对 PVX 无影响。

四、酶联免疫吸附法检测技术

（一）抗体与抗原

1. 抗原

抗原（Ag）是指能引起抗体生成的物质，是任何可诱发免疫反应的物质。外来分子经过 B 细胞上免疫球蛋白的辨识或经抗原呈现细胞的处理，并与主要组织相容性复合体结合成复合物再活化 T 细胞，引发连续的免疫反应。抗原能被 T 细胞、B 细胞识别，并启动特异性免疫应答。它具有免疫原性和免疫反应性（抗原性）两个重要特性。免疫原性是指抗原刺激机体产生抗体或致敏淋巴细胞的能力。抗原性是指抗原能够与抗体或效应 T 细胞发生特异性结合的能力。

（1）**抗原按性质可分为完全抗原和不完全抗原**。完全抗原简称抗原，是一类既有免疫原性，又有免疫反应性的物质。如大多数蛋白质、细菌、病毒、细菌外毒素等都是完全抗原。不完全抗原又称半抗原，是只具有免疫反应性，而无免疫原性的物质。半抗原与蛋白质载体结合后，就获得了免疫原性。半抗原又可分为复合半抗原和简单半抗原。复合半抗原不具有免疫原性，只具免疫反应性，如绝大多数多糖（如肺炎链球菌的荚膜多糖）和所有的类脂等。简单半抗原既不具有免疫原性，又不具有免疫反应性，但能阻止抗体与相应抗原或复合半抗原结合。如肺炎链球菌荚膜多糖的水解产物等。

（2）**抗原能否刺激机体产生免疫应答，取决于该物质本身的性质和该物质与机体的相互作用**。一般抗原来自与被免疫生物间系统发育距离远的物种，亲缘关系越远，免疫原性越强，激发动物发生免疫反应产生抗体的性能越强。抗原刺激部位不同，免疫系统产生免疫应答的强度不同。同时，诱导机体产生应答及与应答产物之间的相互吻合性或针对性就是抗原的特异性。特异性越强，免疫性越好。

产生抗原特异性的物质基础是抗原决定基。抗原决定基又称为抗原表位，是抗原分子中决定抗原特异性的基本结构或化学基团。一般一个抗原分子中可存在多个抗原决定基，生物体免疫处理后可产生多种不同的抗体。特异性是免疫应答重要的特点，也是免疫学诊断和防治的理论依据。

2. **免疫应答**

免疫应答是指生物有机体的免疫系统在接触抗原后，抗原特异性细胞因抗原激发而活化、增殖、分化，表现出一定效应功能的过程。

（1）**免疫应答的三个阶段**。

感应阶段：在此阶段免疫活性细胞完成对抗原的识别。生物体效应性表面带有免疫球蛋白结构的抗原受体（mlg）能直接与相应抗原决定基接触而结合。而 T 细胞表面的抗原受体（TCR）不能直接识别抗原物质，它只能识别经免疫剔除细胞加工、处理后的抗原。

增殖、分化阶段：具有抗原特异性的 T 细胞受到抗原刺激后，即可发生增殖、分化，形成效应性细胞与记忆性细胞。效应性细胞能合成、释放生物活性物质。如由激活的 B 细胞分化而成的浆细胞能合成特异性抗体分子，即分泌性免疫球蛋白分子，而活化的效应 T 细胞可产生多种细胞因子。

效应阶段：即效应细胞、效应分子与相应抗原发生相互作用的阶段，如浆细胞产生的抗体分子可与相应抗原结合，以达到中和毒素、促进吞噬等作用。通过免疫应答，达到清除体内产生的不良物质的作用，它不仅包括外来的病原体、异种蛋白等，还包括体内的异常细胞，如病毒感染细胞、肿瘤细胞等。

（2）免疫应答的类型。

细胞免疫应答：在抗原刺激下，T 细胞发生的免疫应答，以产生特异性激活的效应 T 细胞和多种细胞因子为特点，因此称为细胞免疫应答。

体液免疫应答：在抗原刺激下，B 细胞发生的免疫应答，能产生特异性抗体分子，并将之分泌到生物体中，因此称为体液免疫应答。

初次免疫应答：当机体第一次接触抗原时产生的免疫应答。初次免疫应答的潜伏期长，产生以 lgM（一种免疫球蛋白）为主的抗体，其效价低，与抗原结合的亲和力也低，维持时间相应较短。

再次免疫应答：当免疫细胞再次与相同抗原接触时触发的免疫应答。此时，因体内已经存有特异性的记忆细胞，记忆细胞能快速增殖。再次免疫应答潜伏期短，可产生高效价、高亲和力、以 lgC（一种免疫球蛋白）为主的抗体，维持时间较长。

3. 免疫球蛋白

免疫球蛋白（lg）是指具有抗体活性或化学结构，与抗体类似的球蛋白，具有异属性（即不同 lg 间氨基酸组成或蛋白结构等方面存在差异性）。

免疫球蛋白的存在形式有两种：分泌型免疫球蛋白（slg）存在于血清和组织液中，即抗体（Ab）；膜型免疫球蛋白（mlg）存在于 B 细胞膜上，即 B 细胞受体（BCR）。

4. 人工制备抗体

（1）多克隆抗体（PcAb）。在含有多种抗原表位的抗原物质刺激下，体内多个 B 细胞克隆被激活，并产生针对不同表位的多种抗体，此混合物即为多克隆抗体（来源于血清）。

特点：来源广泛，制备容易，但特异性不高，易发生交叉反应。制备马铃薯病毒多克隆抗血清，首先要提纯马铃薯病毒，再以此为抗原对家兔进行免疫注射。通常采用肌内或皮下注射，一般注射 4 次即可，在最后一次注射一周后进行采血分离抗血清。

（2）单克隆抗体（McAb）。由单一抗原表位激发产生的，由单一 B 细胞克隆产生的高度均一（属同一亚类、型别）的具有专一特异性（仅针对特定抗原表位）的抗体。通常采用小鼠 B 细胞与骨髓瘤细胞形成的杂交瘤技术来制备。单克隆抗体对环境、温度等具有一定的耐性，适于储藏、运输及推广应用。在马铃薯病毒研究中，可用于区分病毒株系，进行病毒间的相互关系、病毒提纯以及抗原决定簇分析等研究。

（二）马铃薯病毒抗血清的制备

1. 抗原的获得

快速制备高纯度的抗血清是免疫学方法应用的关键。目前应用于马铃薯病毒抗血清制备的抗原主要有提纯的病毒粒体、病毒外壳蛋白基因体外表达产物、连接于动物表达载体上的病毒 DNA 三种形式。

马铃薯病毒提纯方法流程：选择带毒的马铃薯植株叶片，提纯获得病毒 RNA；依据外壳蛋白（cp）基因设计 PCR 引物，反转录 RCR（RT-PCR）扩增完整的病毒外壳蛋白基因；构建外壳蛋白基因的原核表达载体；转化大肠杆菌（E. coli）得到转化株；诱导转化株表达产生病毒的外壳蛋白；SOS-PAGE 鉴定并分离纯化表达的病毒外壳蛋白；以纯化的病毒外壳蛋白为抗原，免疫动物制备抗血清。具体步骤如下。

（1）设计 PCR 引物。 依据马铃薯病毒的外壳蛋白基因序列，设计 PCR 引物。

（2）病毒 RNA 的提取。 利用 RT-PCR 方法扩增病毒基因时对病毒 RNA 的纯度要求不高，可以采用带病毒马铃薯或烟草等寄主植物的总 RNA 代替病毒 RNA 进行。

（3）RT-PCR 扩增外壳蛋白基因。 现已有多种不同类型的 RT-PCR 试剂盒，除上、下游引物由自己设计合成以外，其余试剂在试剂盒中均一次性提供，操作具体步骤也因试剂盒的不同而不同，但大体步骤是相同的。

（4）PCR 产物的电泳检测及纯化。 取 RT-PCR 产物 5 μL，6×Loading Buffer（TaKa-Ra）1 μL，在琼脂糖凝胶（1.0%琼脂糖溶于 TAE 缓冲液）中进行电泳分离，溴化乙锭（EB）染色后，在长波紫外光下观察结果。如果 PCR 扩增成功，可见一条清晰的电泳条带。PCR 扩增后，在反应产物中还混有酶、游离的单核苷酸、引物等物质。这些杂质可能对后续实验产生影响，因此切胶纯化外源基因片段是克隆中重要的步骤之一。RT-PCR 产物采用普通琼脂糖凝胶进行电泳分离，EB 染色后，在长波紫外光下切取目的条带，然后利用 DNA 胶回收试剂盒进行纯化。具体步骤因试剂盒的种类不同而不同。

2. 抗血清的制备方法及步骤

（1）免疫动物。 抗血清制备的免疫动物一般选择家兔和山羊，因其反应良好，能够提供足够数量的血清。用于免疫的动物应适龄、健壮、无感染性疾病、雄性。最常用的动物是家兔，其中纯种新西兰兔效果最好。制备抗血清时最少要免疫 3 只家兔，家兔的体重以 2～3 kg 为宜。对于免疫动物，应加强饲养管理，消除个体差异，避免免疫过程中的死亡。

（2）免疫途径。 进行免疫的途径很多，如肌内注射、皮内注射、皮下注射、静脉注射、腹腔内注射、淋巴结内注射等。一般采用皮下注射或背部多点皮内注射，每点注射剂量为 0.1 mL 左右。免疫途径的选择取决于抗原的生物学特性和理化特性，如激素、酶、毒素等生物学活性抗原，一般不宜采用静脉注射。

（3）免疫佐剂。佐剂即非特异性免疫增生剂，指那些同抗原一起或预先注入机体内能增强机体对抗原的免疫应答能力或改变免疫应答类型的辅助物质，称为免疫佐剂。佐剂的加入可以起到延长抗原在动物体内的存留时间、增加抗原刺激作用、刺激免疫活性细胞增多、促进 T 细胞与 B 细胞互作等作用。佐剂的种类主要有两类，一是弗氏不完全佐剂，组成成分为羊毛脂∶石蜡油＝1∶5，视需要可调整为（1∶2）～（1∶9）(V/V）；二是弗氏完全佐剂，组成成分为每毫升弗氏不完全佐剂中加入 1～20 mg 卡介苗。

（4）免疫抗原剂量的确定。在首次免疫时剂量为 300～500 μg，在加强免疫时使用剂量为首次免疫剂量的 1/4 左右（80～120 μg），与相应的佐剂混合乳化后，采用皮下注射或背部多点皮内注射。每 2～3 周加强免疫注射 1 次，在加强免疫注射时采用弗氏不完全佐剂。首次免疫注射时皮下注射百日咳疫苗0.5 mL，而在加强免疫注射时不用。第 2 次加强免疫注射后 2 周，耳缘静脉取血 2～3 mL，制备抗血清，测定抗体效价。如未达到预期效价，需再进行加强免疫，直到清零时为止。抗体效价达到预期水平时，即可放血制备抗血清。

（5）抗血清的采集与保存。

采血方式：耳缘静脉或耳动脉放血、颈动脉放血、心脏采血。

血清的析出与保存：收集的血液在室温下放置 1 h 左右血液即可凝固，然后置于 4 ℃下过夜（切勿冰冻）即可析出血清，离心（4 000 r/min，10 min）。在无菌条件下吸出血清，分装（每管 0.05～0.2 mL），贮于－40 ℃以下冰箱，或冻干后于 4 ℃冰箱保存。

（6）抗血清质量的评价。不同的动物或同一种动物在不同的时间内，抗血清的效价、特异性、亲合力等都可能发生变化。必须经常采血测试。只有在对抗血清的效价、特异性、亲合力等方面作彻底的评价后，才可使用所取得的抗血清。

抗血清效价的评价：抗血清效价是指血清中所含抗体的浓度或含量。

特异性的测定：抗血清的特异性是指抗血清对相应抗原及近似抗原的物质的识别能力，通常以交叉反应率来表示。交叉反应率低，表示抗血清的特异性好，反之则特异性差。

亲合力的测定：亲合力是抗体结合抗原的活度或牢固度。影响抗血清的亲合力的因素主要有抗原分子的大小、抗体分子的结合位点与抗原立体结构型的合适程度等。

（三）酶联免疫吸附法检测技术

病毒在细胞间的运动和系统侵染均需要多种蛋白的共同参与，病毒的复制也是由多种蛋白协同完成的。抗血清蛋白与病毒蛋白发生复合体互作。利用不同的互作检测系统得到的结果不同，可能反映出在病毒侵染的不同阶段，蛋白间的相互作用也在发生改变。抗体和病毒之间蛋白的互作功能的免疫测定技术已成为植物病毒研究中的重要技术手段。

　　酶联免疫吸附测定技术（ELISA），简称酶联法或酶标法。该方法具有特异性强、灵敏度高、操作简便、适于大量样品的快速诊断等优点。该技术是酶与抗体结合形成酶标记抗体，酶标记抗体具有酶和抗体的双重性。待检样品与事先包被在固相载体表面的相应抗体结合，形成免疫复合物，酶标记抗体与此免疫复合物结合，使免疫反应在固体表面进行，形成酶标记的免疫复合物。当加入酶的相应底物时，使无色底物呈颜色反应。在一定范围内，颜色的深浅与待检样品中相应的抗原量成正比。并借助结合在抗体或抗原上的酶与底物反应所产生的颜色来检测病毒的存在。在马铃薯脱毒种薯生产中利用 ELISA 的双抗体夹心法检测马铃薯种薯中的 PVX、PVY、PVM、PVS、PVA、PLRV。ELISA 方法依据支持物的不同，可分为双抗体夹心酶联免疫吸附法（DAS-ELISA）和硝酸纤维素膜酶联免疫吸附法（NCM-ELISA）。

1. DAS-ELISA 检测法

　　DAS-ELISA 是一种传统的病毒检测技术，最早由 Clark 和 Adnms 提出，现在被普遍应用于各种植物的病毒检测。DAS-ELISA 方法检测病毒的特异性强，灵敏度高，非常适合于大规模的检测，该方法可检测出 $1\sim10$ ng/mL 的抗原浓度，通过分光光度计可测定出病毒含量。利用此技术对马铃薯的脱毒试管苗和引进品种等进行大规模检测，对脱毒苗的质量控制及评价极具应用价值。

2. NCM-ELISA 检测法

　　NCM-ELISA 检测法又称 Dot-ELISA 检测法。Lizarrage C 等用该法检测了 PVX、PVY，发现这种方法比 DAS-ELISA 法灵敏度高，所需的最低病毒含量低于常规 ELISA 的 1 000 倍。

　　综合分析，DAS-ELISA 灵敏度高，经济简便，快速直观，对基层单位特别有用，是目前马铃薯生产中最普遍使用的检测方法。

五、分子生物学检测技术

　　以核酸检测为代表的分子生物学技术具有灵敏度高、漏检率低、可缩短窗口期检测时间并可监测病毒变异等优点，因而成为病原体感染诊断方法的优先选择。在病毒研究方面，运用分子生物学检测技术，可对病毒基因组的结构与功能、复制与表达、与宿主相互作用等进行综合研究，可为病毒的致病机理、疫苗研发和抗病毒药物研制等方面提供基础数据。临床常用的检测方法多为核酸检测和蛋白检测。

（一）聚合酶链反应

反转录聚合酶链反应与传统的酶联法和分子杂交法相比，更灵敏，特异性更好，结果更可靠。其基本原理是将 RNA 的反转录（RT）和 cDNA 的聚合酶链式扩增（PCR）相结合的技术。首先经反转录酶的作用从 RNA 合成 cDNA，再以 cDNA 为模板，扩增合成目的片段。对扩增产物进行电泳、染色，产生特异 DNA 谱带，据此即可检测未知病毒。这种方法灵敏度和特异性比较高，简便快速，适于普及应用。

1. 简并引物 PCR 技术

该技术根据血清学相关或同组的病毒分离物的基因序列保守区设计简并引物，以此引物可扩增出所有同组或血清学相关病毒基因的特异性片段，然后再通过限制性片段长度多样性（RFLP）技术，将同组的病毒区分开。这样就给某些病毒组的鉴定和分子生物学结构的研究提供了一种既快速灵敏，又经济方便的技术方法和路线。一次实验能够检测多种病毒。

2. 免疫捕捉 PCR 技术

在进行 RT-PCR 扩增反应前，利用病毒专化性抗体与病毒抗原相结合的原理，将目标病毒固定在微管或微板等固相上，然后经洗脱处理后富集病毒，再进行 RT-PCR 反应。这样不仅避免了常规 RT-PCR 的 RNA 样品制备的损失和破坏，而且捕捉 RNA 的效率达 96% 以上。

3. 多重 PCR 技术

多重 PCR 就是在一个单一反应中扩增多个序列，能够节省时间和精力，可以在一次反应中同时检测多种病毒。

4. 实时荧光定量 RT-PCR

常规的 RT-PCR 技术是针对病毒进行定性鉴定，而将 PCR 和荧光测定相结合的实时荧光定量 RT-PCR 不仅可避免假阳性的出现，还能进行实时定量检测，不需经琼脂糖凝胶电泳观察产物，提高了检测灵敏度。

5. 杂交诱捕 RT-PCR-ELISA

杂交诱捕 RT-PCR-ELISA 利用共价结合在 PCR 管壁上的引物进行特异性核酸诱捕，去除了核酸粗提液中的杂质及聚合酶抑制物，避免了 RT-PCR 的漏检问题，凝胶电泳检测液相产物的同时对固相产物进行杂交检测、显色，有效避免了假阳性现象。

6. 巢式 PCR

巢式 PCR 是针对那些引物特异性较差、非特异性带较多或者一轮 PCR 反应产物较少的病毒检测而设计，往往在第一轮 PCR 反应之后，再用第一轮 PCR 扩增目标基因片段内部的另一对引物对 PCR 产物进行第二轮扩增。

7. PCR 技术的优点

（1）由于该技术能将极微量的核酸快速扩增到可检出量，因此在样品量极少或病毒在组织中含量很低，使用其他方法不易检测的情况下，采用 PCR 技术也能够进行病毒检测。

（2）不受体内杂蛋白的干扰，特异性更强。

（3）不同病毒株系间具有较强的免疫交叉反应，但它们在基因组某些区域存在很大差别，若以这些区域来设计引物，经 PCR 扩增后可用于鉴定。

虽然 PCR 技术检测灵敏性高，但也存在不足，对模板的要求较高，检测中有时会出现假阴性。

（二）核酸序列依赖扩增（NASBA）技术

核酸序列依赖扩增（NASBA）是一种特异性等温扩增 RNA 的技术，基于一个等温扩增酶系统，包括 AMV 逆转录酶、核糖核酸酶 H（RNase H）和 T7 RNA 聚合酶。以 RNA 为模板，在 AMV 逆转录酶和引物 I 的作用下合成 cDNA，引物 I 的 5' 端带有 T7 启动子序列，然后引物 II 与 cDNA 链退火合成 cDNA 链的互补链，进而形成含完整 T7 启动子序列的双链 DNA。T7 RNA 聚合酶以此双链 DNA 为模板，合成大量拷贝的 RNA 片段。原位 NASBA（IS-NASBA）是结合原位杂交技术发展起来的，主要用于分子病理学、分子形态学领域的杂交技术。用此技术不但可实现病毒的检测，而且可对样品中病毒浓度进行分析。

（三）核酸杂交技术

根据互补的核酸单链可以相互结合的原理，将病毒一段核酸单链以某种方式加以标记，制成探针，再与互补的待测样品核酸杂交，带有探针的杂交核酸能指示病原的存在。目前常用于植物病毒检测的有核酸斑点杂交技术（NASH）和 PCR 微孔板杂交检测技术两种。

核酸斑点杂交技术所用探针必须标记，以便示踪和检测。最初的核酸杂交试验是用放射性同位素（如 P^{32}）来标记探针，但这对常规检测工作是不利的，而且探针寿命短。近几年来应用非放射性探针分子，如生物素或地高辛标记的探针分子，更安全，应用限制更少，寿命更长，与放射性标记的探针一样灵敏和实用。

（四）基因芯片技术

基因芯片又称 DNA 芯片（DNA chip）、DNA 微阵列（DNA microarray)、DNA 微阵列芯片（DNA microarray chip），是最常见的生物芯片（Bio-chip）之一。基因芯片技术是最近国际上迅猛发展的一项高新技术，是植物病毒快速检测技术的重要发展方向。其原理是将各种病毒样品的基因片段或特征基因片段点样，制成基因芯片，并以荧光标记的探针与芯片进行杂交，杂交信号借助激光共聚焦显微扫描技术进行实时、灵敏、准确的检测和分析，再经计算机进行结果判断。目前尚未有商品化的检测植物病毒的基因芯片，因此需单独制备每一种病毒的基因检测芯片。

马铃薯真菌病害、细菌病害、虫害和生理性病害及综合防治技术

一、马铃薯细菌病害

目前马铃薯生产中的细菌病害主要有环腐病、黑胫病、软腐病、疮痂病、青枯病等。

（一）环腐病

马铃薯环腐病病原为细菌棒菌杆菌属。菌体形状变化很大，多为棒状。无鞭毛，不形成荚膜及芽孢，好气。培养基上菌落白色，薄而透明，有光泽。革兰氏染色阳性，生长最低温度为 1~2 ℃，最高温度为 31~33 ℃，生长适温为 20~23 ℃，致死温度为 56 ℃，生长最适 pH 为 8.0~8.4。

1. 危害症状

环腐病是一种维管束病害。田间发病一般在开花期以后，初期症状为叶脉间褪绿，呈斑驳状并逐渐变黄、变枯萎。也有叶片边缘变黄变枯，并向上卷曲。发病植株一般先从下部叶片开始发病，逐渐向上发展到整株。由于环境条件和品种抗性的不同，植株的症状也有很大差异。一种症状是植株矮缩、弱小、分枝少、叶小发黄，萎蔫症状不明显，且一般到生长后期才出现。另一种症状是植株急剧萎蔫，叶片呈灰绿色并向内卷曲，提早枯死。感病植株的茎基部的维管束变为浅黄色或黄褐色，但有时变色不明显。块茎表面的症状在轻度危害时不明显，随着病势发展，皮色变暗或变褐。芽眼也会变色，但没有菌脓溢出，严重时表皮可出现裂缝。横切病块茎可见维管束变成黄色或褐色。轻者只局部维管束变黄，呈不连续的点状变色。重者整个维管束环变褐色。病菌既可侵害块茎维管束周围的薄壁组织，呈环状腐烂，严重时可引起皮层与髓部组织分离；又能在块茎受到软腐病病菌或其他腐生菌感染时进行二次侵染，并使块茎内可形成空腔，用手挤压可从维管束内溢出乳白色菌脓（图 10）。

2. 病害危害分级标准

（1）植株症状。

0 级：无任何症状。

1级：植株少部分叶片萎蔫。

2级：植株大部分或部分分枝萎蔫，叶脉间黄化，叶缘焦枯。

3级：全株萎蔫、黄化、死亡。

（2）块茎症状。

0级：无症状。

1级：有明显的轻度感病，感病部分占维管束环 1/4 以下。

2级：感病部分占维管束环 1/4～3/4。

3级：感病部分占维管束环 3/4 以上。

3. 综合防治

（1）严格检疫。环腐病传染源基本上为带病种薯，只要把住种薯关，杜绝播种病薯，就能控制该病害的危害。生产中要严格执行种薯产地检疫规定，在马铃薯生长季节对种薯田进行严格调查，消除全部有病植株和薯块。对种薯实行严格检查，禁止有病种薯外运。

（2）选用抗病品种。种植抗环腐病的马铃薯品种。抗环腐病的马铃薯种质资源材料很多，育种者对亲本材料和杂交后代进行抗环腐病筛选、鉴定，培育出更多抗环腐病优良品种。

（3）使用脱毒种薯。脱毒种薯繁育基地从脱毒试管苗及原原种繁殖开始直到各级种薯的生产，每个环节严格控制环腐病的侵染，确保种薯无病。

（4）小整薯播种。不用切块播种，切刀传病已被生产实践所证实，应尽量避免用切块播种，提倡小整薯播种。鼓励种薯企业探索小种薯生产技术，提高小种薯生产效率。在不得已而用切块播种时，一定要用 75％酒精、0.1％高锰酸钾或 5％食盐水等对切刀浸泡消毒。

（5）优化肥料施用。增施有机肥和磷、钾肥及微肥。

（二）黑胫病

黑胫病又称黑脚病，这是以茎基部变黑的症状而命名的。黑胫病是一种细菌病害，病菌属欧氏杆菌属的胡萝卜软腐欧文氏菌马铃薯黑胫亚种，病菌可以在土壤中的植株残体上或贮藏期间的病薯上越冬，但它在土壤中不能存留太长时间。种薯带病原菌，土壤一般不带菌。田间除带病种薯外，还通过灌溉水、雨水或昆虫传播，经伤口侵入致病。黑胫病属高温高湿型病害，其发生流行与温、湿度有密切的关系，平均气温达到 20～22 ℃开始发病，23 ℃以上大量发生并迅速蔓延。湿度是黑胫病流行的限制因素，雨后相对湿度保持在 80％以上 3～5 d，田间就会出现一个发病高峰，黑胫病开始流行。在马铃薯植株现蕾前雨水多，则病害加重。贮藏期病菌通过病薯与健薯接触，经伤口或皮孔侵入健薯，窖内通风不好或湿度大、温度高，利于病情扩散（图 11）。

1. 危害症状

黑胫病的典型症状是植株茎基部呈墨黑色腐烂。种薯染病不发芽，或刚发芽即烂在土中，不能出苗。幼苗染病一般株高 15～18 cm 出现症状，病害发展往往是从带病块茎开始，经由匍匐茎传至茎基部，继而可发展到茎上部。匍匐茎和茎部除表皮变色外，维管束亦变为浅褐色，病株矮化、僵直，叶片变黄色，小叶边缘向上卷。发病后期，茎基部呈黑色腐烂，整个植株变黄，呈萎蔫状，直至倒伏、死亡。块茎发病一般是从连接匍匐茎的脐部开始。感病初期，脐部略变色，稍后病部扩大并呈黑褐色，髓组织亦变黑腐烂呈心腐状，最后整个块茎腐烂。在受到腐生细菌的二次侵染后，可变成湿腐状，并有恶臭味。

2. 病害危害分级标准

0 级：植株地下茎没有病变特征。

1 级：植株地下茎外部出现坏死。

2 级：植株地下茎中部出现坏死。

3 级：植株地下茎周围损伤出现坏死。

4 级：块茎有湿腐症状。

5 级：块茎腐烂区域达到 30%。

6 级：块茎腐烂区域达到 50%。

7 级：块茎腐烂区域达到 70%。

8 级：块茎腐烂区域大于 70%。

3. 综合防治

（1）晒种杀菌。 播种前晾晒种薯，一可汰除病烂薯块，二可使受伤薯块充分木栓化，从而减少镰刀菌和其他病菌的侵染，并杜绝黑胫病病菌侵入。

（2）小整薯播种。 采用整薯播种。尽量不用切块播种，避免切刀传播病菌。

（3）田间精细管理。 不要施用带有病残体的堆肥和厩肥；生长期间注意排水，避免过量浇水，以免土壤湿度太大而加重发病；及时拔除销毁田间病株，减少病害扩大传播。

（4）适时收获。 在晴天、温暖天气和土壤较干燥的时期收获，种薯晾晒后入窖，减少薯块被病菌感染和侵入的机会。

（5）选用抗病品种。 不同马铃薯品种对黑胫病的抗（耐）病性是有差异的。可因地制宜筛选、种植和选育抗（耐）病的优良品种。

（三）软腐病

软腐病在有的地区又称腐烂病，是以块茎的发病症状而命名的，为危害贮藏期马铃薯块茎的一种细菌病害。其病菌有 3 种：胡萝卜软腐欧文氏菌胡萝卜软腐变种、胡萝卜软腐欧文氏菌马铃薯黑胫亚种和菊欧文氏菌。菌体直杆状，大小（1～3）$\mu m \times$（0.5～1.0）μm，单生，有时对生，革兰氏染色阴性，靠周生鞭毛运动，兼厌氧性。病原菌在病残体上或土壤中越冬，经伤口或自然裂口侵入，借雨水飞溅或昆虫传播蔓延。软腐病的病菌可以通过匍匐茎侵染子代块茎。地温在20～25 ℃或在25 ℃以上的温暖及高湿、缺氧的环境条件有利于块茎软腐病的发生。软腐病遍布全世界马铃薯产区，每年不同程度发生，常与干腐病复合感染。

1. 危害症状

软腐病主要发生在块茎上，有时也发生在地上部分。病菌只能由皮孔和伤口侵入块茎组织。块茎皮孔受侵染后形成轻微凹陷的病斑，淡褐色至褐色，呈圆形水浸状，病斑直径0.3～0.6 cm。从伤口侵入时，块茎上形成的病斑一般形状不规则，微凹陷，病斑大小随伤口大小而异。在潮湿温暖条件下，无论是从皮孔还是从伤口侵入形成的病斑，都会很快扩大并呈湿腐状变软，髓部组织腐烂，呈灰色或浅黄色，病害组织与健康组织界限分明，通常在病区边缘呈褐色或黑色。腐烂组织一般在发病初期无明显臭味，但到后期受腐生菌二次侵染后恶臭难闻。在干燥条件下病斑的发展受到抑制，皮孔处的病斑可变成发硬的干斑。植株地上部受害时，一般是老叶先发病，病部呈不规则暗褐色病斑，湿度大时腐烂。地上部软腐症状大多是由菊欧文氏菌所引起（图12）。

2. 病害危害分级标准

0级：块茎无症状。

1级：块茎表面有轻微病斑或腐烂。

2级：块茎1/5～2/5部分腐烂。

3级：块茎3/5～4/5部分腐烂。

4级：块茎完全腐烂。

3. 综合防治

（1）播种期预防。用小整薯播种，播种前晾晒种薯，避免在土壤湿度太大时播种，防止发生烂种死芽。

（2）加强田间管理。生长期要注意田间植株通风透光和降低湿度。及时拔除病株，并用石灰消毒，防止病菌传播。

（3）收获期防治。在块茎完全成熟后、土温低于20 ℃和土壤较干燥时及时收获，防止块茎在太阳光直射下暴晒造成损伤，尽量避免在收获和运输过程中造成块茎破伤，减少病菌侵染源。

（4）贮藏期防治。在马铃薯块茎堆垛温度降到10 ℃以下后再入窖。要保持窖内冷凉并通风良好，避免块茎表面潮湿和窖内缺氧。

（5）选用抗病品种。选育和种植抗病或耐病品种，不同马铃薯品种对软腐病的抗性差异明显。

（四）疮痂病

马铃薯疮痂病的主要病原为后壁菌门链霉菌属放线菌疮痂链霉菌，有分枝的菌体呈细丝状，有分枝，极细，菌丝尖端和孢子丝常呈螺旋状，连续分裂生成大量表面光滑的分生孢子。孢子圆筒形，大小（1.2～1.5）μm×（0.8～1.0）μm。病菌在土壤中腐生或在病薯上越冬，有的细菌通过不断繁殖存活，长达 10 年，难以根除。带菌肥料和病薯是主要原始侵染源。病菌主要侵染块茎，从皮孔和伤口侵入、染病。适合该病发生的温度为 25～30 ℃，特别是在 28 ℃左右的中性或微碱性沙壤土环境中，极易引发疮痂病。pH 为 6～7 时是细菌存活繁殖最好的环境，pH 在 5.2 以下很少发病。

1. 危害症状

马铃薯块茎上的最初症状是块茎表面出现褐色模糊的如针尖的凸起，产生褐色小点，6～8 d 扩大到 1～2 cm。在此期间，淡褐色消失，患病组织硬结。由于病斑之下栓皮细胞的大量产生，最后产生圆形或形状不规则的疮痂状硬斑。它含有病菌成熟的黄褐色孢子球。待薯块表皮破裂、剥落，便露出孢子堆里形成的粉状孢子团。因产生大量木栓化细胞而造成表面粗糙。病斑仅限于皮部，不深入薯块内部，有别于粉痂病。

在马铃薯、番茄和其他寄主的根上，增生的组织引起明显的大小不等的瘤。块茎上的孢子堆有时逐渐扩大，形成溃疡。在贮藏期间，孢子堆会引发干腐病，一是因为病菌的半腐生性生长，二是因为第二兼性寄生菌的入侵（图 13）。

2. 病害危害分级标准

0 级：薯皮健康，无病斑。

1 级：薯皮基本健康，有 1～2 个零星病斑，所占面积未超薯皮表面积的 1/4。

2 级：薯皮表面有 3～5 个病斑，所占面积为薯皮表面积的 1/4～1/3。

3 级：薯皮表面有 5～10 个病斑，所占面积为薯皮表面积的 1/3～1/2。

4 级：严重感病，病斑在 10 个以上或病斑面积超过薯皮表面积的 1/2。

3. 综合防治

（1）选用抗病品种。 种植抗病品种是防治普通疮痂病最重要的方法。国外有很多抗疮痂病的品种。

（2）选用健康脱毒种薯。 在引种或调种时，选用脱毒种薯。加强检疫工作，杜绝引进或调入带病种薯。

（3）合理轮作。 连作或轮作周期较短的地块生产马铃薯，会使疮痂病发病率迅速增加。相反，在疮痂病严重的地块上，实行马铃薯和其他谷类作物4～5年的轮作，疮痂病发生急剧减少。

（4）合理施肥。 多施有机肥或绿肥，选用酸性肥料以增加土壤的酸度，可抑制发病。

（五）青枯病

马铃薯青枯病病原为青枯假单胞菌，又称茄科假单胞菌，或青枯雷尔氏菌，可简称青枯菌，属假单孢细菌目、假单孢杆菌科、假单孢杆菌属。为杆状细菌，无芽孢，无荚膜，有端生鞭毛1～4根或无鞭毛，能运动或不能运动，革兰氏染色阴性。严格好气菌，不能使葡萄糖发酵产酸。41 ℃不生长。青枯菌具有明显的变异性，有生理小种。在中国，生理小种3号是危害马铃薯的优势青枯菌菌系。

1. 危害症状

马铃薯青枯病是一种维管束病害，在马铃薯整个生长期都可发生，但因幼芽萌动期和苗期温、湿度不适宜青枯菌繁殖，所以不表现症状或症状不明显，而在现蕾开花期症状明显。发病后先是植株顶部幼嫩叶片或花蕾出现萎蔫，紧接着主茎或分枝的上部出现急性萎蔫，初始早晚可恢复，持续4～5 d后，整株茎叶全部萎蔫死亡，但叶片仍保持青绿色，只是颜色稍淡，不凋落。

病菌侵害植株的维管束，使茎基部和根的维管束变褐色，导管部分变褐色腐烂。切断感病茎秆，有污白色的黏液从断面的变色导管中渗出。切开感病的块茎，可见维管束呈褐色，不需挤压切面就溢出白色菌脓，这是此病的重要特征，但皮肉不从维管束处分离，严重时外皮龟裂，髓部溃烂如泥（图14）。

2. 病害危害分级标准

0级：叶片没有明显枯黄萎蔫，植株生长正常。

1级：0%～20%的叶片枯黄萎蔫。

2级：21%～40%的叶片枯黄萎蔫。

3级：41%～60%的叶片枯黄萎蔫。

4级：61%～80%的叶片枯黄萎蔫。

5级：80%以上的叶片枯黄萎蔫或整株枯死。

3. 综合防治

（1）选用抗病品种。 选用抗青枯病品种。

（2）轮作倒茬。 与十字花科或禾本科作物实行4年以上轮作。

（3）选用健康脱毒种薯。 选用健康脱毒种薯。切块时若发现其中有带菌种薯要立即剔除，并用75%酒精对切刀进行消毒处理。

（4）合理施肥。 采用配方施肥技术，多施农家肥、有机肥、复合肥，减少化学肥料用量。

（5）加强田间管理。 发现病株及时将植株及植株根部的土壤和薯块全部清除，远离薯田，对病株根茎部土壤撒生石灰消毒。

二、马铃薯真菌病害

针对马铃薯真菌病害而言，从全国范围来看，发生普遍，分布广泛，危害严重的病害主要有早疫病、晚疫病、黑痣病、粉痂病、枯萎病、干腐病、白绢病和癌肿病等。

（一）早疫病

马铃薯早疫病病菌为半知菌亚门真菌茄链格孢。菌丝暗褐色，在寄主的细胞间和细胞内生长。分生孢子梗单生或束生，淡褐色，顶端色淡。分生孢子为倒棍棒形，淡褐色，单生，偶有两个串生。分生孢子侵染的温度为 5～26 ℃，最适温度为 12～16 ℃，27 ℃以上分生孢子形成就停止。较高温度和湿度有利于发病。通常温度在 15 ℃以上、相对湿度在 80％以上开始发病，25 ℃只需要 2 d 的阴雨或重露，病害就会迅速蔓延。马铃薯早疫病病菌以菌丝和分生孢子的形式在病残株上越冬，也可在病薯上于窖内越冬，成为第二年的侵染源，土壤亦是侵染源之一。病残株上的病菌即使在 -45～-35 ℃下都可以存活。第二年分生孢子经风雨传播，从气孔、伤口侵入或直接侵入。一般马铃薯下部叶片先开始发生侵染，经反复侵染逐渐蔓延到顶部，在开花前 2～3 周可出现症状，到生长后期才蔓延开。

1. 危害症状

马铃薯的叶片、叶柄、茎、匍匐茎、块茎和浆果，均可发生早疫病，但是最明显、最常见的是叶片上的病斑。多从植株下部的叶片上先发生，逐渐向上蔓延。发病初期在叶片上出现黑褐色的水浸状的小斑点，较干，像纸一样，以后病斑逐渐扩大，呈圆形或者卵形，受叶脉限制，有时呈多角形。病斑通常是近圆形的同心轮纹。病斑周围和病斑之间叶部组织褪绿，随着新斑的产生和老斑的扩展，整个叶片褪绿，然后坏死、脱水，以后病斑逐渐消失，叶片干枯，但通常不落叶。空气潮湿时，病斑表面形成黑褐色或黑色霉层，严重时叶片干枯凋萎（图 15）。

块茎感病时，产生微凹陷的圆形或不规则的黑褐色病斑。健康与患病组织的边缘明显，有时略微出现紫色突起。病斑之下的块茎组织变褐，呈木栓化干腐，深度一般不超过 6 mm。在老化的病斑上，可以产生裂缝。腐烂时如水浸状，呈黄色或浅黄色。

2. 病害危害分级标准

0级：无病。

1级：病斑较少，每株只有5～10个病斑。

2级：病斑较多，叶发病率不超过25％。

3级：植株中度发病，50％叶片感病。

4级：植株严重落叶，但未枯死。

5级：植株枯死。

3. 综合防治

（1）**选用早熟耐病品种。** 选用抗病丰产早熟品种，适当提早收获，避开发病高峰期。

（2）**合理轮作倒茬。** 最好与豆科、禾本科作物轮作3～4年。清除田间病残体，减少侵染来源。

（3）**加强栽培管理。** 采用地膜覆盖种植，降低田间空气湿度，减少病害的发生。增施有机肥，增施钾肥，提高品种的抗病能力。

（4）**药剂预防。** 发病前喷施丙森锌、嘧菌酯、敌菌丹、霜脲·锰锌等预防。每间隔7～10 d喷施1次，连续防治2～3次。

（5）**种薯贮藏。** 在块茎早疫病发生较严重的地方，马铃薯种薯收获后，用0.3％的克菌丹悬浮液、100 mg/L 0.1％的三苯基氢氧化锡溶液喷块茎，具有较好的预防块茎腐烂的效果。

（二）晚疫病

晚疫病的病菌属鞭毛菌亚门疫霉属真菌。菌丝无色，无隔膜。有性世代产生卵孢子，但很少见。主要靠无性世代产生孢子囊，传播危害。孢子囊无色，卵圆形，顶部有乳头状突起，基部有明显的脚胞，着生在孢囊梗上。孢囊梗无色，有分枝，常有2～3条分枝从叶片的气孔或薯块的皮孔、伤口伸出，即白色霜霉。孢子梗顶端膨大，形成孢子囊。病菌以菌丝在块茎内越冬，播种后随幼芽生长侵入茎叶，然后形成孢子，当遇到空气湿度连续在75％以上、气温在10 ℃以上的条件时，叶片上就出现病状，形成中心病株，通过空气或流水传播侵染。随雨水渗入土中的孢子囊和游动孢子侵染可能性最大。病叶上产生的白色霜霉随风、雨、雾和气流向周围植株上扩散。在开花封垄后，若白天气温在20～25 ℃、夜间气温降到10～15 ℃，并且雨水多的天气条件下，种植感病品种，则病害易流行。

1. 危害症状

马铃薯的根、茎、叶、花、果实、块茎和匍匐茎等各个部位均可发生晚疫病，最易辨别的是叶和块茎上的病斑。叶片多从叶尖或叶缘开始发病，先产生不规则的小斑点，随着病斑的扩大愈合而变成暗褐色，病斑的外围有晕圈，湿度大时病斑就向外扩展。气候潮湿时，病叶呈水浸状软化腐败，如同开水烫过一样，黑色，发软，蔓延极快。叶背面健康与患病部位的交界处出现一层状似绒毛的白色霉层，这是晚疫病症状最显著的特征。感病的品种叶面全部或大部被病斑覆盖，全株叶片变成黑绿色，空气干燥叶片就枯萎，空气湿润叶片很快就腐烂（图 16）。

茎和叶柄上的病害常表现为纵向发展、黑褐色的病斑。气候潮湿时可在病斑上产生白色霉层。病害严重时，造成叶丛的凋萎与枯死。干旱条件下全株枯死，多雨条件下整株腐败而变黑。

块茎感病时形成大小不等、形状不规则、微凹陷的褐色病斑。发病初期块茎不变形，病斑的切面可见到皮下组织呈红褐色，变色区域的大小和厚薄依发病程度而不同。当温度较高、湿度较大时，病变可扩大到块茎内的大部分组织，随着其他杂菌的侵入，整个块茎腐烂并发出难闻的臭味，此种情况称为晚疫病的湿腐型。感病块茎在空气干燥、温度较低的条件下，没有其他杂菌感染，只表现组织的变褐，称为晚疫病的干腐型。

2. 病害危害分级标准

0 级：无病。

1 级：病斑较少，每株只有 5～10 个病斑。

2 级：病斑较多，叶发病率不超过 25％。

3 级：植株中度发病，50％叶片感病。

4 级：植株严重落叶，但未枯死。

5 级：植株枯死。

3. 综合防治

（1）选用抗病品种。栽培抗病品种（如陇薯 3 号、陇薯 7 号、陇薯 14、青薯 9 号、庄薯 3 号等高抗马铃薯晚疫病品种），这是针对晚疫病最经济、最有效、最简便的预防措施。

（2）适期早播。适当提早马铃薯的播种期，或选用早熟品种，使马铃薯在晚疫病流行之前接近成熟，从而避免马铃薯的严重减产。

（3）药剂拌种。切好的薯块用 200 g 70％代森锰锌加 40 g 10％多抗霉素拌 150 kg 种薯。要求切块后 30 min 内均匀拌于切面。

（4）药剂预防。药剂对晚疫病只有预防和控制作用，没有治愈功能。要提前用药，做到防病不见病。一般根据晚疫病流行预测预报，在中心病株未出现前全田喷药预防。然后每间隔 7～10 d 喷 1 次药进行预防。晚疫病防治的药剂很多，有枯草芽孢杆菌、代森锰锌、烯酰吗啉、霜脲·锰锌、甲霜灵等，可根据当地情况酌情选用。

（5）适时收获。 在晚疫病流行之年，马铃薯植株和地面都存在着大量的病菌。收获时如与块茎接触，便易发生侵染。因此，为了减少田间病原，提早割秧，运出田外。充分暴晒杀死地面病菌，选择晴天进行收获。

（6）安全贮藏。 马铃薯收获后，在通风透光之处将块茎晾晒2～3 d，使薯块表皮干燥老化。在收获、运输、通风晾晒、下窖的过程中，应尽量避免薯块受到碰撞、挤压等损伤，减少病菌感染概率，保证安全贮藏。

（三）黑痣病

马铃薯黑痣病又称立枯丝核菌病或茎溃疡病。病原为立枯丝核菌，属半知菌亚门真菌。以病薯上或土壤中的菌核越冬。带病种薯是翌年的初侵染源，也是病菌传播的主要载体。马铃薯生长期间病菌从土壤中根系或茎基部伤口侵入，引起发病。该病发生与土壤潮湿条件有关。播种早或土温较低，发病重。

1. 危害症状

马铃薯感染黑痣病后的症状，因受害部位不同而有多种表现。块茎感病后表皮出现大小不等、形状不规则、突出表皮之外的黑色斑块，也是黑痣病病原的拟菌核。因其宛若人们面孔上的黑痣，故有黑痣病之称。它对块茎的影响主要是有损商品价值，一般不会导致块茎的腐烂。如果病菌从块茎表皮的皮孔侵入，会在块茎内部健康组织之外与表皮的感病部分之间形成木栓组织。气候干燥时，死亡组织干枯、脱落，致使块茎表皮发生大小不同、形状各异的凹陷，很像疮痂病的斑痕。

马铃薯的幼芽感病，受害最为严重。在芽条上产生黑褐色的病斑或斑纹，病斑逐渐扩大，使组织枯死，阻碍幼苗发育，严重时幼苗芽条不能出土而腐烂，造成田间缺苗。出土后染病初，植株下部叶片发黄。茎部感病，形成褐色凹陷斑，损伤导管系统，造成植株凋萎，或叶片卷曲为舟状，心叶节间较长，有紫红色斑出现。溃疡严重时，引起茎的膨大，并使地上茎节腋芽产生紫红色或绿色气生块茎。较老的茎受害，则表现为淡褐色的茎溃疡，并在溃疡之处产生蛛丝状的白色霉层（图17a，图17b）。

2. 病害危害分级标准

0级：无病斑。

1级：块茎上有零星病斑点1～5个。

2级：块茎有病斑点6～15个。

3级：病斑点占薯块面积的25％以下。

4级：病斑面积占薯块面积的25％～50％。

5级：病斑面积占薯块面积的50％以上。

6级：病株全部叶表现病状、急性萎蔫及植株死亡。

3. 综合防治

（1）轮作倒茬。 因为立枯丝核菌主要在土壤中的植株残体上越冬，并以此侵染马铃薯，实行马铃薯与其他非本病菌寄主的作物3～5年的轮作，有一定的防病效果。

（2）精选种薯。 薯块上产生的菌核是后代植株发病的主要初侵染源之一，因此，凡是作种薯用的薯块，必须表面光洁不带病菌。

（3）清洁田园。 马铃薯收获时，应将一切带菌的残烂叶清出田外，尽量减少田间病源。

（4）土壤消毒。 凡是连续用来生产原原种的日光温室、智能温室和网棚，可用五氯硝基苯、98%棉隆颗粒剂等药物进行土壤消毒，防止土传病害的发生。

（四）粉痂病

马铃薯粉痂病病菌是细胞内专性寄生菌，属鞭毛菌亚门根肿菌纲的根肿菌目。粉痂病的疱斑破裂散出的褐色粉状物为病菌的休眠孢子团，由许多近球形的黄色至黄绿色的休眠孢子囊集结而成，外观如海绵状球体。休眠孢子囊在土壤中或薯块上越冬，成为次年初次侵染的来源。土壤湿度90%左右，土温18～20 ℃，土壤 pH 4.7～5.4，适于病菌萌发。一般土壤湿度大、夏季较凉爽的年份易发病。

1. 危害症状

马铃薯粉痂病主要危害块茎和根部。块茎染病初期在表皮上出现针头大小的褐色小斑，外围有半透明的晕环，后小斑逐渐隆起、膨大，成为直径3～5 mm的疱斑，其表皮尚未破裂，为粉痂的封闭疱阶段。随病情的发展，疱斑下陷呈火山口状，外围有木栓质晕环，为粉痂的开放疱阶段，表皮破裂、反卷，皮下组织橘红色，散出大量深褐色粉状孢子囊。根部染病时于根的一侧长出豆粒大小、单生或聚生的瘤状物（图18）。

2. 病害危害分级标准

0级：薯皮健康，无病斑。

1级：薯皮基本健康，有1～2个零星病斑，所占面积未超薯皮表面积的1/4。

2级：薯皮表面有3～5个病斑，所占面积为薯皮表面积的1/4～1/3。

3级：薯皮表面有5～10个病斑，所占面积为薯皮表面积的1/3～1/2。

4级：严重感病，病斑在10个以上或病斑面积超过薯皮表面积的1/2。

3. 综合防治

（1）选用无病种薯。 严格执行检疫制度，对病区种薯严加封锁，禁止外调。

(2) 轮作倒茬。重病区实行 5 年以上轮作。马铃薯种植在排水良好的无病土壤中，或长期与牧草轮作。

(3) 选用抗病品种。栽培和选育抗粉痂病马铃薯品种。

(4) 种薯处理。播种前用 72% 霜脲·锰锌可湿性粉剂 500 倍液或 25% 嘧菌酯悬浮液 1 000 倍液浸种薯 6～8 h，之后晾干播种。

(5) 加强田间管理。高垄栽培，增施基肥，配合施用磷、钾肥。酸性土壤宜施用生石灰调节土壤酸碱度。

（五）枯萎病

马铃薯枯萎病的致病菌为镰刀菌，据报道，引起马铃薯枯萎病的镰刀菌共有 8 种，分别为尖孢镰刀菌、茄病镰刀菌、接骨木镰刀菌、雪腐镰刀菌、串珠镰刀菌、三线镰刀菌、锐顶镰刀菌和燕麦镰刀菌。子座灰褐色。大型分生孢子在子座或黏分生孢子团里生成，镰刀形，弯曲，基部有足细胞，多 3 个隔膜。小型分生孢子 1～2 个细胞，卵形或肾脏形，多散生在菌丝间。厚垣孢子球形，平滑或具褶皱，单细胞顶生或间生。镰刀菌适应力比较强，温度在 10～35 ℃均可生长，在马铃薯的整个生育期均能造成侵染。温度在 5～10 ℃时，病原菌也可以缓慢生长。田间湿度大、土壤温度高于 28 ℃或重茬地易发病。病菌以菌丝体或厚垣孢子在土壤中或在带菌的病薯上越冬。翌年病部产生的分生孢子借雨水或灌溉水传播，从伤口侵入，成为初侵染源。

1. 危害症状

马铃薯枯萎病是一种土传性真菌病害，分布广泛，世界各种植区普遍发生。在重茬地发病重，对马铃薯生产造成威胁。马铃薯枯萎病病菌复杂，遗传变异性大，抗逆性强，增加了该病害的防治难度。

马铃薯枯萎病发病于开花前后，镰刀菌菌丝从根毛侵入马铃薯根部，然后产生毒素和降解酶，降低根的活力，堵塞维管束，地上部出现萎蔫，剖开病茎，发现薯块维管束变褐。湿度大时，病部常产生白色至粉红色菌丝，但不会造成块茎腐烂。马铃薯窖贮时期容易发生干腐病，在窖内湿度高的环境中，镰刀菌通过薯块的皮孔、芽眼、伤口等侵入马铃薯块茎，然后以菌丝体或分生孢子形式进行传播，病菌在薯块中产生各种降解酶和毒素，导致块茎腐烂（图 19）。

2. 病害危害分级标准

0 级：叶片没有明显枯黄萎蔫，植株生长正常。

1 级：0%～20% 的叶片枯黄萎蔫。

2 级：21%～40% 的叶片枯黄萎蔫。

3 级：41%～60% 的叶片枯黄萎蔫。

4 级：61%～80%的叶片枯黄萎蔫。

5 级：80%以上的叶片枯黄萎蔫或整株枯死。

3. 综合防治

(1) 轮作倒茬。与禾本科作物或绿肥等进行 4 年轮作。

(2) 使用脱毒种薯。选用脱毒种薯，选择健康薯留种。

(3) 严格水肥管理。施用腐熟有机肥，加强水肥管理，可减轻发病。

(4) 药剂预防。翻地之前每亩①地撒施 70%噁霉灵水溶性粉剂 3 kg 加 50%多菌灵可湿性粉剂 2 kg，然后旋耕翻地。生育期必要时浇灌 50%多菌灵可湿性粉剂 600 倍液，或者 50%苯菌灵可湿性粉剂 1 000 倍液。

（六）干腐病

马铃薯干腐病主要由致病镰刀菌引起，如燕麦镰刀菌、串珠镰刀菌、尖孢镰刀菌、接骨木镰刀菌、茄病镰刀菌等，均属半知菌亚门真菌。其中茄病镰刀菌和串珠镰刀菌是优势种群，而且致病力强。病菌在 5～30 ℃条件下均能生长。贮藏条件差，通风不良利于发病。病菌以菌丝体或分生孢子在病残组织或土壤中越冬。多系弱寄生菌，从伤口或芽眼侵入。

1. 危害症状

干腐病病菌侵染马铃薯块茎后，发病初期表皮仅局部变褐稍凹陷，扩大后病部出现很多皱褶，呈同心轮纹状，其上有时长出灰白色的绒状颗粒，即病菌子实体。后期薯块内部变成褐色，常呈空心状，空腔内长满菌丝。最后薯肉变为灰褐色或深褐色，僵化萎缩、变干、变硬，不能食用（图 20）。

2. 病害危害分级标准

0 级：薯块无病斑。

1 级：病斑面积占薯块的 5%以下。

2 级：病斑面积占薯块的 5%～15%。

3 级：病斑面积占薯块的 16%～30%。

4 级：病斑面积占薯块的 31%～50%。

5 级：病斑面积占薯块的 50%以上。

3. 综合防治

(1) 土壤消毒。整地之前亩撒施 70%噁霉灵水溶性粉剂 3 kg 加 50%多菌灵可湿性粉剂 2 kg，然后深耕翻地。

(2) 合理施肥。不偏施氮肥，增施磷、钾肥及有机肥，培育壮苗，以提高植株自身的抗病力。适量灌水，阴雨天或下午不宜浇水，预防冻害。

---

① 亩为非法定计量单位，1 亩＝1/15 公顷，下同。——编者注

（3）田间管理。 田间做好通风降湿。收获时及时清理地上植株，严防碰伤，充分晾干再入窖。

（4）窖藏管理。 窖内保持通风干燥，窖温控制在 1～4 ℃，发现病烂薯及时汰除。

（七）白绢病

马铃薯白绢病病原为齐整小核菌，属半知菌亚门真菌。菌丝无色，有隔膜；菌核由菌丝构成，外层为皮层，内部由拟薄壁组织及中心部疏松组织构成，初期白色，紧贴于寄主上，老熟后产生黄褐色圆形或椭圆形小菌核。高温、高湿条件下，产生担子及担孢子。菌核萌发后产生菌丝，在 32 ℃左右的最适温度和最适 pH 5.9 左右的潮湿环境中，可顺利地侵入马铃薯根部或近地表茎基部，形成中心病株，后在病部表面产生白色绢丝状菌丝体及圆形小菌核，再向四周扩散。菌核抗逆性强，耐低温，在 −10 ℃或经家畜消化道后仍可存活，自然条件下在土壤中保存 5～6 年仍具萌发力，但在水中仅能存活 3～4 个月。病菌以菌核或菌丝遗留在土中或病残体上越冬。病原菌丝不耐干燥，在高温多湿、酸性、沙质、连作土壤或种植密度过大条件下易发病。在田间，病菌主要通过雨水、灌溉水、肥料及农事操作等传播蔓延。

1. 危害症状

马铃薯白绢病主要危害马铃薯的块茎，有时也危害茎基部。薯块受病菌侵染时，发病部位会产生白色绢丝状的白色霉层，呈放射状扩展，后期形成黄褐色或棕褐色的圆形粒状小菌核。切开感病薯块，其皮下组织变褐腐烂。植株茎秆基部染病，初期略呈水渍状，病部也产生绢丝状的白色霉层，到后期形成紫黑色近圆形粒状小菌核。感病植株萎蔫黄变，病茎易折断而枯死（图 21）。

2. 病害危害分级标准

0 级：薯块无病斑。

1 级：病斑面积占薯块面积的 1/4。

2 级：病斑面积占薯块面积的 2/4。

3 级：病斑面积占薯块面积的 3/4。

4 级：薯块全部发病。

3. 综合防治

（1）轮作倒茬。 发病地块可与禾本科作物实行 2～3 年轮作。水旱轮作效果更好。

（2）合理施肥。 整地并深施生物有机肥或完全腐熟的有机肥。调整土壤酸碱度呈中性至微碱性。

（3）优化栽培模式。 采用地膜覆盖、膜下滴灌等栽培措施，降低田间空气湿度，控制病害的发生。

（4）化学药剂防治。播前亩撒施 50％多菌灵可湿性粉剂或 40％五氯硝基苯可湿性粉剂 6～7 kg，深翻土壤。发病初期喷施 20％三唑酮乳油 2 000 倍液，或 70％甲基硫菌灵可湿性粉剂 800 倍液，或 80％多菌灵可湿性粉剂 600 倍液防治。

（八）癌肿病

马铃薯癌肿病的病菌为内生集壶菌，是一种专一性寄生菌，有生理小种。马铃薯癌肿病的病菌菌体内生，不用菌丝繁殖，形成孢囊堆，被有膜的孢子囊，由孢子囊释放出游动孢子，孢子囊内有 200～300 个游动孢子。春季温度 8 ℃以上，湿度充足时，癌肿病组织腐烂，越冬休眠的孢子囊在土壤中释放出大量单核游动孢子。游动孢子可进行再侵染或在外界条件不适时配合成结合子发育而形成更多的游动孢子。游动孢子侵染马铃薯植株，进入马铃薯体细胞开始危害。

1. 危害症状

马铃薯癌肿病主要危害马铃薯植株的地下部。被危害的薯块由于病菌刺激寄主细胞不断分裂，形成大大小小花菜头状的肿瘤，表皮常龟裂，癌肿组织前期呈黄白色，后期变黑褐色，松软，易腐烂并产生恶臭；若暴露在阳光下，初期微白或淡绿色，慢慢变黑，最后腐烂分解。病薯在窖藏期仍能继续扩展危害，如果在黑暗条件下，病薯块颜色和块茎表皮颜色相同。田间感病植株初期与健株无明显区别，后期感病植株较健康植株高，叶色浓绿，分枝多。感病重的田块，部分植株花序、茎秆、叶片均可被害而产生癌肿病变。

2. 综合防治

（1）选用健康种薯。严格执行检疫，严防带病的马铃薯扩大种植和作为种薯调出。

（2）轮作倒茬。与其他作物实行轮作倒茬，以减轻发病。

（3）严格切刀消毒。种薯切块播种时，备用两把切刀，用 75％的酒精、0.1％的高锰酸钾溶液浸泡切刀 5～6 min，轮换切刀消毒，进行种薯切块。

（4）加强栽培管理。增施生物有机肥。使用地膜覆盖栽培，提高植株抗病力。

（5）化学药剂防治。感病植株用 20％三唑酮乳油 1 500 倍液浇灌。

三、马铃薯生理性病害

马铃薯植株，尤其是块茎，易受环境影响产生生理性紊乱，这些生理性紊乱会导致马铃薯植株或块茎的形状、功能和外观发生明显且有害的变化，这就是马铃薯生理性病害。

生理性失调是马铃薯植株内部生理系统不平衡引起的，这种不平衡会改变或破坏马铃薯植株和块茎的正常生长和发育。有些生理性病害是由环境因素或病害引起、加重的。大多数块茎的生理紊乱发展相当缓慢，症状可能只有在马铃薯植株生长后期才能观察到。在许多情况下，当观察到症状时就已经造成了损害。这就使人们难以正确地确定这种特定病害的起因，也难以确定这种现象是什么时间开始的。直接影响马铃薯的生理性病害，如冰雹、低温冻害、高温及干旱引起的生理性病害容易识别。然而有些生理性病害，如空心病、叶片或薯块畸形是复杂因素造成的，这些生理性病害许多都是年复一年、不同地点、不规律发生的。

马铃薯块茎生理性病害包括外部和内部的瑕疵、形状和大小的变化以及薯肉颜色的改变。大多数生理性病害不会导致块茎的营养价值发生显著变化。但是，由于外观性状的改变，对马铃薯精深加工、烹饪造成不利的影响，马铃薯种植者可能会因为这些原因降低鲜薯的销售等级和产量，遭受巨大的经济损失。由于大多数马铃薯生理性病害影响块茎品质，所以健康管理计划在生产中发挥着极其重要的作用，将生理性病害发生率降至最低，以保证马铃薯的质量，减少马铃薯种植者和加工者经济损失。

减少马铃薯生理性病害的发生是马铃薯健康管理的关键步骤，要弄清马铃薯生理性病害发生的原因，制订一个综合管理计划，从马铃薯种植开始一直持续到薯块收获上市。选择抗逆性强的优良品种，前茬没有施用除草剂、生长剂的地块，提供充足、合理配比的氮、磷、钾肥料，采用科学的栽培模式，密切关注土壤水分、温度和严格控制病虫害，保证良好的根系生长和有利于健康块茎形成的环境条件。在收获、运输和贮藏等操作过程中，减少薯块损伤是至关重要的。

（一）块茎黑心

1. 病害症状

马铃薯块茎黑心病主要在薯块的贮藏期发生，在块茎中心部分形成黑色或蓝黑色的不规则的斑点或花纹，由小黑点发展到最后变成黑心。随着病害的持续发展，严重时可使整个薯块变色。黑心病受害处边缘界限明显，后期黑心组织渐变硬化。在室温情况下，块茎的黑心部位可以变软并变成深黑色。不同的块茎，黑心反应有很大的差别。

2. 发病原因

马铃薯黑心病属于生理性病害。主要是块茎在生长发育或贮藏过程中缺氧造成的，致使髓部组织细胞变为粉褐色或墨黑色的黑心，直至坏死。黑心病发生与温度有直接的关系，一般在较低温缺氧的条件下，块茎黑心症状发展较慢，病害较轻；但在过低温度（0～2.5 ℃）或过高温度（36～40 ℃），即便有氧气，因不能快速通过组织扩散呼吸作用产生的有害物质，黑心症状也会发展。马铃薯贮藏过程中，由于贮藏窖密封性好或薯堆过大，造成窖温过高，黑心病发生严重。或者在马铃薯种植过程中土壤板结不透气，由于块茎内部供氧不足而发生黑心病。

3. 预防措施

（1）土壤疏松。马铃薯栽培选择透气性良好、疏松的土壤。

（2）安全贮藏。马铃薯薯块堆放时要有通风道和人行检查通道，堆码大小适宜。贮藏期间保持贮藏窖和薯堆良好的通气性。

（二）块茎空心

1. 病害症状

马铃薯空心病多发生于块茎的髓部，空心多呈星形放射状或扁口形，有时几个空洞连接在一起，洞壁呈白色或棕褐色，水浸状或透明状，淀粉含量极少，脆硬，块茎外部无任何症状。一般大薯块易出现空心现象。

2. 发病原因

主要是在马铃薯块茎膨大期间浇水过多，或是在马铃薯块茎膨大前期土壤干旱、后期突然浇水或降雨，促使块茎大量吸收水分急剧膨大，块茎内部得不到充足的养分供应，引起空心。另外，由于钾肥施用不足，使马铃薯块茎中的营养物质运输缓慢，也容易发生空心现象。

3. 预防措施

（1）合理灌溉。马铃薯块茎膨大期浇水要均匀，保持适宜的土壤湿度。旱作栽培宜采用地膜覆盖栽培模式，减少蒸发，保持土壤水分。

（2）科学施肥。配方施肥，优化钾肥施用量。合理密植，注意培土。

（三）块茎畸形

1. 病害症状

在收获马铃薯时，经常可以看到与正常块茎不一样的奇形怪状的薯块，比如有的薯块顶端或侧面长出1个小薯块，有的呈哑铃状，有的在原块茎前端又长出1段匍匐茎，茎端又膨大形成薯块，也有的在原块茎上长出几个小薯块，像一串葡萄，这些奇形怪状的块茎称作畸形薯，或称作二次生长薯和次生薯。当马铃薯块茎出现二次生长时，原块茎里贮存的有机营养如淀粉等会转化成糖被输送到新生长的小块茎中，从而使原块茎中的淀粉含量下降，品质变劣，失去了食用价值和种用价值。

2. 发病原因

畸形薯是马铃薯块茎生长发育过程中环境条件发生变化而造成的。薯块在生长过程中受高温、干旱和严重缺水的影响，生长受到抑制，暂时停止，遇到降水、灌溉或气温适宜，块茎生长条件得到恢复，这时块茎为了贮存营养物质，重新开辟贮藏场所，就形成了明显的二次生长，出现了畸形薯。总之，不均衡的营养和水分，极端的冰雹、霜冻等灾害天气，都可导致块茎的二次生长。

3. 预防措施

（1）田间科学管理。 在生产管理上，要尽量保持马铃薯生长环境条件稳定，适时灌溉，保持适宜的土壤水分和地温。

（2）选用优良品种。 不选用对温度敏感、二次生长严重的品种。

（四）块茎青头

1. 病害症状

在收获的马铃薯块茎中，经常发现有一端变成绿色的薯块，俗称绿头或青头。这部分薯块除表皮呈绿色外，薯肉内 1～2 cm 以上的地方也呈绿色，薯肉内含有大量的龙葵素，食用时味麻辣，人吃下去会中毒。青头现象使块茎完全丧失了食用价值，从而降低了商品率和经济效益。

2. 发病原因

出现青头的原因主要是播种深度不够，垄堆小，培土薄，或是有的品种结薯浅，露出土层，阳光直接照射或散射到块茎上，使块茎的叶绿体成分增加，组织变成绿色。

3. 预防措施

（1）科学种植。 种植时应当加大行距、播种深度和培土厚度。必要时在块茎膨大期进行二次覆土。

（2）安全贮藏。 在贮藏过程中，食用薯要避光贮藏，以免块茎较长时间见到阳光或灯光使表面变绿，影响品质。

（五）块茎开裂

1. 病害症状

一些马铃薯品种在种植过程中块茎内部细胞分裂快，而外部细胞分裂慢，在块茎表面就会出现裂痕，即开裂现象，严重影响品质和商品价值。

2. 发病原因

（1）土壤水分影响。 在马铃薯块茎开始膨大时，如遇土壤干旱就会使块茎膨大速度减慢，而在此时若遇到降雨或灌溉，马铃薯因吸收水分充足，块茎膨大速度加快，致使块茎出现开裂现象。尤其是薄皮品种表现更明显。

（2）温度的影响。 马铃薯块茎形成期、膨大期的温度以 15～18 ℃为宜，超过 25 ℃块茎生长缓慢，超过 30 ℃不利于营养物质的积累。温度适宜时，马铃薯块茎迅速膨大，但是若遇到高温或降温，致使马铃薯薯块外层细胞分裂速度减慢，而薯块内部细胞还在迅速分裂生长，这样使块茎外层与内层细胞生长速度不平衡，容易造成马铃薯块茎出现开裂现象。

（3）施肥的影响。 土壤中有机肥施用量不足，化肥施用量大，特别是氮肥和钾肥的量过大，使块茎膨大速度不一致，出现开裂现象。

（4）地膜覆盖的影响。 早春地膜覆盖栽培马铃薯到现蕾期，如遇到高温天气就要揭除地膜，如果不及时揭除地膜，遇到高温会抑制薯块外层细胞的分裂速度，但是由于生长前期温度适宜，块茎内部细胞还处在快速分裂时期，造成内外细胞分裂速度不平衡而出现开裂现象。

（5）机械损伤的影响。 收获时，部分品种由于块茎膨大期内部压力超过表皮组织的拉力，块茎之间或块茎与机械之间相互碰撞，产生裂缝。

（6）病毒侵染影响。 受到病毒侵染的马铃薯块茎，侵染部位的细胞分裂减缓，病毒侵染部位与未侵染部位的生长速度不一致，从而出现块茎开裂现象。

3. 预防措施

（1）品种选择。 一般选用脱毒品种，切忌选用晚熟品种。

（2）水肥管理。 生长期间要合理灌水、施肥。基肥不足时，可将其集中施入播种沟内。出苗前一般不浇水，出苗遇干旱需浇小水，开始结薯时必须满足水分需求。

（3）适时揭膜。 早春覆膜栽培，要及时放苗防止烧苗。当土壤温度接近 30 ℃，则不利于块茎膨大，因此应于现蕾期揭掉地膜并深耕培土，降低温度，增加结薯层，促进块茎形成与膨大。

（4）田间管理。 做好病虫害防治工作。适当延长收获期，促进薯块老化，避免收获机械碰撞块茎。

（六）低温冷害

马铃薯适宜冷凉气候条件，马铃薯块茎生长发育的最适温度为 17～19 ℃，对温度非常敏感。当气温低于 9 ℃时，植株地上部生长停止，养分就会向地下茎聚集形成小薯；当土壤温度低于 12 ℃时，刚播种的块茎内养分转向幼芽生长受阻，就会在腋芽内积累大量的营养，直接在芽眼处形成新的小薯（梦生薯）；当气温低于 2 ℃，植株受冷害影响，植株受冻、萎蔫。马铃薯在植株生长期间或薯块贮藏过程中，如果气温或土壤温度过低（高于冰点），植株就会产生冷害。冷害的危害程度因温度的高低和持续时间不同而不同。

1. 叶片症状

在苗期，马铃薯植株受低温冻害后，叶片迅速萎蔫、塌陷。当气温回暖时，受害部位变成水浸状，死亡后变黑褐色。冷害发生于北方春播马铃薯幼苗期或南方冬播马铃薯苗期。症状多出现在幼苗的顶部，表现为幼嫩叶片的基部淡黄色至淡褐色。当植株的叶原基、茎原基受到低温冷害伤害时，在新长出的幼叶上就会表现出症状。出现嫩叶不规则卷曲并产生褪绿斑，叶片呈扭曲状态。有时在受害植株茎秆上出现斑驳，幼叶上还会出现坏死性斑点。

2. 块茎症状

马铃薯块茎在田间和贮藏期都会受冷害和冻害的伤害。受冻薯块当温度回升解冻后，薯肉颜色由其本色逐渐变成桃红色或红色，直至变为灰色、褐色或黑色。冻伤薯肉组织迅速变软并腐烂。当水分蒸发后，成为石灰状残渣。受冷害的薯块由于韧皮部比周围薄壁细胞对低温敏感，横切面出现网状坏死。随着冷害的加重，维管束环周围出现黑褐色斑点，通常脐端附近更严重。薯块内部若出现粉红色病变，也可能是由冷害引起的。

3. 预防措施

对于低温冷害的危害只能采取预防措施。春播或冬播马铃薯应注意天气变化。如遇寒流等低温天气，要提前采取积极有效的防护措施。

（1）物理措施防护。 可提前灌水，或用塑料膜、秸秆等覆盖植株，或在冷害发生的晚上在田间周围熏烟防护。

（2）化学药剂防护。 叶面喷施 0.2% 的尿素＋0.5%磷酸二氢钾＋0.4 mg/L 芸薹素内酯预防。

（3）提早收获。 北方一作区，马铃薯收获在 10 月左右进行，此时冷空气活动频繁，要提早及时收获，防止冻害发生。

（4）安全贮藏。 低温贮藏的马铃薯，应注意温度变化，谨防低温冷害发生。

四、马铃薯主要虫害

（一）蚜虫

蚜虫分为无翅蚜和有翅蚜。有翅蚜可随风飞出很远的距离。蚜虫能孤雌生殖，繁殖速度快。蚜虫喜欢黄色和绿色，对乳白色和银灰色有趋避作用（图 22）。

1. 危害症状

蚜虫群居在马铃薯叶片背面和幼嫩的顶部取食，刺吸叶片的汁液，并排泄出一种黏黏的物质，堵塞气孔致使植株呼吸作用受阻，造成叶片皱缩变形。同时蚜虫在取食过程中，通过汁液循环把病毒传给健康植株，引起病毒病，在田间扩散使更多植株发生退化（图23，图24）。

2. 防治方法

（1）选择冷凉区域种植。 根据蚜虫的习性，选择高海拔的冷凉区域种植马铃薯，减少蚜虫危害及传毒机会。

（2）选择隔离区种植。 种薯繁育田要集中连片，远离商品马铃薯生产田，以避免蚜虫短距离迁飞传毒。

（3）药剂防治。 采用10％吡虫啉可湿性粉剂1 500倍液或3％啶虫脒乳油1 500倍液进行田间喷雾防治。根据蚜虫危害情况，每间隔10 d再喷施1次。

（二）蛴螬

蛴螬是金龟子的幼虫，体长3～4 cm，圆筒形，弯曲呈马蹄形，体白色或淡黄色，头部黄褐色或红褐色，胸足3对。喜欢潮湿，怕干燥。成虫和幼虫均能越冬，幼虫在冬季潜入深层土中越冬（图25）。

1. 危害症状

蛴螬危害马铃薯的地下茎、根和块茎。咬食根部和幼嫩块茎，常常造成死苗，或咬食块茎成孔洞，不仅影响产量，而且降低块茎的商品性。

2. 防治方法

（1）土壤施药。 播种前，每亩用蛴螬专用型白僵菌杀虫剂2～3 kg，与15～25 kg细土混合拌匀，撒在地表，深翻土壤。

（2）药剂拌种。 播种前，可用60％吡虫啉悬浮种衣剂按照药种比1∶300拌种，或用70％噻虫嗪颗粒剂悬浮种衣剂按药种比1∶300拌种。

（3）人工捕捉。 结合耕地捕捉幼虫，并利用金龟子的假死性进行人工捕捉，集中消灭。

（三）地老虎

地老虎又名土蚕、切根虫等。地老虎幼虫和蛹可越冬，常年危害农作物。幼虫体长3～5 cm，背部有淡黄色纵带，表皮粗糙，有皱纹，尾部黄褐色。成虫具有趋光性和趋糖蜜性。

1. 危害症状

地老虎的幼虫危害马铃薯，主要有小地老虎、黄地老虎和白边地老虎，它们白天潜伏在幼苗根附近土壤中，夜间危害，在贴近地面的地方把马铃薯幼苗咬断，使整个植株死亡，并把咬断的苗拖到洞中，造成缺苗断垄。结薯期咬食块茎，取食孔洞比蛴螬的小，不仅影响产量，而且降低品质。

2. 防治方法

（1）深翻整地。秋季深翻深耙地，破坏它们的越冬环境，冻死准备越冬的大量幼虫、蛹和成虫，减少越冬数量，减轻次年危害。

（2）清洁田园。清除田间地头秸秆和杂草，减少幼虫和虫卵数量。利用糖蜜诱杀器和黑光灯诱杀成虫。

（3）药剂防治。用3%克百威颗粒剂1.5～2.0 kg，顺垄撒于沟内，毒杀苗期危害的地下害虫。或用50%的甲胺磷1 500～2 000倍液，2.5%高效氟氯氰菊酯乳油600倍液在苗期灌根。

（四）金针虫

金针虫是叩头虫的幼虫，成虫为暗灰色长形甲虫，背部有灰色短毛，鞘翅有光泽。幼虫体为白色到金黄色，体形细长，有光泽。幼虫和成虫都在土壤里越冬，春、秋两季危害严重，夏天气温较高时钻到土壤中过夏（图26）。

1. 危害症状

金针虫幼虫危害马铃薯，在土壤中活动并咬食马铃薯的根和幼苗，在块茎中钻出细而深的孔洞，使病菌侵入块茎，造成块茎腐烂。旱作马铃薯区发生较严重。

2. 防治方法

（1）毒饵诱杀。将胡萝卜或马铃薯切成细片加麦麸，与30%克百威颗粒剂或20%的啶虫脒混合拌匀，埋入土中或于傍晚撒于田间，均有好的诱杀防治效果。

（2）药剂拌种。10%吡虫啉可湿性粉剂180 g拌种薯150 kg，防治效果好。

（五）马铃薯瓢虫

马铃薯瓢虫也叫二十八星瓢虫。其成虫为红褐色甲虫，鞘翅上有28个排列整齐的黑色斑点。幼虫中部肥大，两端稍细，身上有排列规则的黑色刺毛。每年可繁殖2～3代，成虫躲在山崖石缝或在树皮、墙缝、房檐下等处越冬。

1. 危害症状

马铃薯瓢虫主要危害茄科植物，成虫和幼虫均取食马铃薯等茄科植物叶片及幼茎，取食后剩余叶片残留于表皮，而且成许多平行的牙痕。有时也将叶片吃成孔状或仅存叶脉，严重时使整个植株呈枯焦状，最后干枯而死。

2. 防治方法

（1）清除田间杂草。消灭成虫越冬场所，清除田间杂草。

（2）药剂防治。防治时期在越冬成虫出现盛期和产卵初期，进行药剂防治。可使用 50％的甲胺磷 600 倍液、2.5％氯氟氢菊酯或菊酯类制剂 1 000 倍液喷雾防治。

（六）马铃薯块茎蛾

马铃薯块茎蛾又称马铃薯麦蛾、烟潜叶蛾等，属鳞翅目麦蛾科。成虫夜间出行，有趋光性。卵产于叶脉处和茎基部，薯块上卵多产在芽眼、破皮、裂缝处等。幼虫孵化后四处爬散，吐丝下垂，幼虫为潜叶虫，随风飘落在邻近植株叶片上，潜入叶内危害，在块茎上则从芽眼蛀入。以幼虫或蛹在枯叶或贮藏的块茎内越冬。马铃薯块茎蛾是国际和国内检疫对象。

1. 危害症状

主要危害茄科植物，其中以马铃薯、烟草、茄子等受害最重，其次为辣椒、番茄。危害马铃薯的是块茎蛾幼虫，幼虫潜叶蛀食叶肉，危害叶片，可吐丝下垂，借风转移到邻近植株上。取食过的叶片呈半透明状。严重时嫩茎和叶芽常受害枯死，幼株甚至死亡。在田间和贮藏期间幼虫蛀食马铃薯块茎，从块茎芽眼附近钻入肉内，咬食成隧道，粪便排在洞外，严重时吃空整个薯块，外表皱缩并引起腐烂。

2. 防治方法

（1）清洁田园。 清理并集中焚烧发生虫害的田间植株和地边杂草。

（2）药剂拌种。 用苏云金杆菌粉剂 1 kg 拌 1 000 kg 薯块。

（3）洁净贮藏。 清理贮藏窖，并用二硫化碳熏蒸贮藏窖体内部。收获的块茎立即运回贮藏，不在田间过夜，防止成虫在块茎上产卵。

（七）马铃薯线虫

危害马铃薯的线虫有茎线虫、根腐线虫、金线虫和白线虫等。马铃薯线虫的幼虫均为圆筒形，蚯蚓状。线虫能直接通过表皮或伤口侵入植株根部、块茎。主要以种薯、种苗传播，也可借雨水和农具短距离传播。线虫的卵、幼虫和成虫可以薯块上越冬，也可以在土壤和肥料内越冬。马铃薯被线虫危害后，不仅产量降低，而且薯块的品质和外观性状受到严重影响。

1. 危害症状

（1）茎线虫。 主要危害马铃薯块茎，马铃薯块茎被危害后，表皮出现褐色龟裂，外部症状不明显，内部出现点状空隙或呈糠心状，薯块品质变劣。

（2）根腐线虫。 主要危害根部，严重时会造成植株矮小，地上部出现黄化现象，块茎表面产生黑褐色的小斑点或褐色溃疡斑，入窖贮藏后或湿度大的条件下，块茎病斑扩展后引起腐烂。

（3）金线虫。 主要危害植株根部，一般地上部分症状不典型。受害根部出现侧根增生、表皮龟裂，开花期症状尤其明显，根部表皮附着乳白色或乳黄色半透明的小球形的雌虫虫体。植株受害后嫩叶片呈白色，像缺肥或缺水的症状，干旱条件下植株萎蔫。严重时感病株会出现矮化和早衰现象。

（4）**白线虫**。危害症状与金线虫相似。

2. **防治方法**

（1）**使用健康种薯**。因地制宜选用抗病品种。严格执行检疫，严禁随意调运种苗，防止传播蔓延。

（2）**轮作倒茬**。与小麦、水稻、棉花、高粱、玉米等非寄主作物进行轮作。

（3）**田间管理**。收获后及时清除病残体，集中深埋或烧毁。使用生物有机肥，尽量不要施用没有经过腐熟处理的动物粪肥。

| **第五章**
马铃薯脱毒种薯繁育技术

一、马铃薯脱毒种薯的概念及特点

（一）脱毒种薯的概念

脱毒种薯是指马铃薯种薯经过一系列物理、化学或生物技术措施清除薯块体内的病毒后，获得的经检测无病毒或有极少病毒侵染的种薯。脱毒种薯是在马铃薯组培脱毒快繁及种薯生产体系中，各种级别种薯的通称。马铃薯脱毒种薯繁育不同于一般的种子生产，它有严格的生产条件和技术规程，必须按照各级种薯生产技术的要求，采取有效的防护措施预防病毒及其他病害的侵染。种薯生产田需要人工或天然隔离条件，严格的病毒检测监控措施，适时播种和收获，生产田间要严格预防蚜虫的侵入，规避蚜虫繁殖及传播病毒，杜绝毒源，及时清除田间感病植株，种薯收获后进行质量检验等，确保脱毒种薯质量。

1. 脱毒组培苗

应用茎尖组织培养技术获得的，经检测可确定不带有马铃薯卷叶病毒、马铃薯 X 病毒、马铃薯 Y 病毒、马铃薯 S 病毒、马铃薯 A 病毒和马铃薯 M 病毒等病毒以及马铃薯纺锤形块茎类病毒的再生组培苗。用组织培养的方法快速繁殖，用作生产原原种。

2. 试管薯

马铃薯试管薯是在离体条件下，通过对培养条件及培养基的调控，诱导脱毒试管苗在容器内形成的微型块茎。重量通常不足 1 g。由于试管薯在生产过程中没有接触外界环境，可直接用于生产原原种或原种。

3. 原原种

在日光温室、防虫网棚或智能温室内，在蛭石或椰糠基质中用组培苗移栽或扦插、试管薯播种等无土栽培生产的小薯块称为微型薯或原原种。不含有病毒、类病毒、真菌性病害、细菌性病害和虫害的小型种薯，一般每粒重量为 2～15 g，最大的 50 g。通常生产的种薯较小，也被称作脱毒原原种。

4. 原种

原种是以原原种为种薯，在良好的防病虫的环境中生产出的达到一定质量标准的种薯。

5. 一、二级良种

一级良种是指以原种为种薯，在高海拔严格防病虫的环境中生产出的种薯；二级良种是指以一级良种为种薯，同样在良好的条件下生产出的符合种薯质量标准的种薯。

（二）脱毒种薯的特点

1. 脱毒种薯保持了原品种主要性状的遗传稳定性，恢复了优良种性，而并非创造了新品种

脱毒种薯在茎尖分生组织培养和脱毒苗组培快繁过程中，只要培养基中不加入激素，一般都不会发生遗传变异，而且在获得脱毒苗后，都要进行品种的可靠性鉴定。所以，脱毒种薯保持了原品种主要性状的遗传稳定性，之所以脱毒马铃薯表现特别优良，是因为马铃薯脱毒后恢复了优良种性，烂薯率大幅度降低，出苗率上升，而且叶片中叶绿素的含量和光合强度也都明显得到了提高，植株的生长势旺盛，植株水分代谢旺盛，较抗高温、干旱，病害也会明显减少，能够对自身进行适当的调节，更好地适应不同的环境条件。陇薯 3 号脱毒了还是陇薯 3 号，并非通过脱毒又创造出一个新的品种。

2. 脱毒种薯大幅度提高了马铃薯产量与品质

提高产量和商品品质，是马铃薯脱毒种薯最为显著的特点。脱毒种薯的增产效果极其显著，采用脱毒种薯可以增产 30％～50％，高的达到 1～2 倍，甚至 3～4 倍。据试验，使用脱毒陇薯 3 号种薯比未脱毒陇薯 3 号种薯每亩产量净增 801.9 kg，增产 61.0％；考种结果为，单株产量平均增加 195 g，单株结薯数平均增加 1.35 个，平均单薯重增加 13.7 g，大中薯率平均提高 43.7 个百分点，薯块淀粉含量提高 1.31 个百分点。脱毒马铃薯主要表现出苗早、出苗整齐，生活力旺盛，生长势强，生育期相对延长，有利于提高单株产量和增加薯块干物质含量。另据研究，脱毒马铃薯植株叶片叶绿素含量提高 33.3％，光合效率提高 41.9％；同时，马铃薯脱毒植株具有抗高温、干旱能力较强，水分代谢旺盛，抗逆性明显优化的特点。

3. 脱毒种薯连续种植依然会再度感染病毒而退化

脱毒种薯应用代数是有一定限度的，并不是一个马铃薯品种一旦脱毒，就可长期连续作种用。种薯脱毒，只是摒除病毒的一种辅助措施，并没有从品种的遗传基础上提高其抗病性。所以，脱毒种薯播种后，仍然要面临病毒的再度侵染，进而罹病，出现退化。由于茎尖组培脱毒时，既脱除了强致病株系病毒，同时又脱除了弱致病株系病毒，有可能使植株免疫功能出现紊乱，因此从某种程度上来说，有些品种（主要是抗病毒差的品种）脱毒种薯再度罹病退化

的速度会更快。正因为如此，各级脱毒种薯都制定有严格的质量控制标准，包括病毒性退化标准，一旦退化指标超过了种薯质量标准，那么就不能再作为种薯使用。一般来说，脱毒种薯使用到二级或三级良种以后，应作为淀粉、全粉、薯条（片）的加工原料或商品薯销售，就不能再继续用作种薯，否则会减产，造成损失。脱毒种薯使用到二级或三级良种以后，就成了"超代薯"，超代薯是绝对禁止用作种薯的。

4. 脱毒种薯级别不能按照种薯繁育程序和年限决定，要根据脱毒种薯质量确定种薯级别

在马铃薯脱毒种薯生产中，大家有一个习惯性的认知，就是认为用马铃薯脱毒组培苗生产的种薯就是原原种，用原原种生产的种薯就是原种，用原种生产的种薯就是一级种，用一级种生产的种薯就是二级种，这种观点是错误的。因为，马铃薯脱毒种薯繁育质量的高低（级别）是根据种薯所含病毒种类和含量的多少来确定，病毒种类和含量控制指标越低，级别越高，反之，病毒种类和含量控制指标越高，级别就越低。例如，在用马铃薯脱毒组培苗繁育原原种生产实践中，若无防虫网棚防护及定期的蚜虫预防措施，一旦被带毒蚜虫侵入，就会因大量蚜虫繁殖，迅速传播病毒，造成大量种薯带毒，种性下降，这种情况下生产的原原种质量有时还不如一级种。所以，马铃薯脱毒种薯生产要严格按照种薯繁育程序规范操作，定时喷施农药，预防病虫害的发生，确保生产出质量合格的种薯。

二、马铃薯脱毒种薯的标准化生产体系

马铃薯脱毒种薯繁育体系除了保持种薯的品种纯度外，更重要的是使茎尖脱毒苗繁殖的脱毒原原种，通过相应的种薯繁育体系，在繁育各级种薯的过程中，采取防止病毒再侵染的措施，源源不断地为生产提供优质种薯。

健全的种薯繁育体系，能保证品种按用途或区域化合理布局，有计划地更换品种，避免品种频繁更换造成的生产多、乱、杂现象。我国北方省份纬度高、气候冷凉、传毒介体少；同时，这些地区一般前茬作物种植小麦、玉米、青稞、蚕豆、稷（糜子）、粱（谷子）等，具有繁育马铃薯种薯的优越的隔离条件。尤其适合马铃薯种薯生产，是全国马铃薯种薯主要生产基地。

（一）马铃薯脱毒种薯繁育体系

1. 马铃薯脱毒种薯繁育体系

成熟和先进的马铃薯脱毒种薯繁育体系为生产优质高产的种薯提供了强大的技术支撑和有效的质量保证。如荷兰，利用无性系选择、无性系快速繁殖、种薯催芽播种、种薯生产合理密植、测土精准施肥、GPS 精细播种、GPS 引导机械中耕和除草、全自动灌溉系统及卫星图像分析应用、晚疫病防治专家预警系统、适时杀秧或打秧等多种生产技术提高了马铃薯种薯的产量和品质，使其成为全球马铃薯种薯第一出口大国。我国马铃薯脱毒种薯繁育技术在充分吸收国内外脱毒种薯生产先进经验基础上，密切结合我国马铃薯生产区域的气候特点，将植物茎尖培养脱毒技术、茎节组织培养快繁技术、无土栽培繁育微型种薯技术、防虫网棚扩繁技术、高山隔离区繁种技术、夏播留种技术、高产栽培技术、病虫害防治技术及病毒检测技术集合为一体。马铃薯脱毒种薯生产流程见图 5-1。

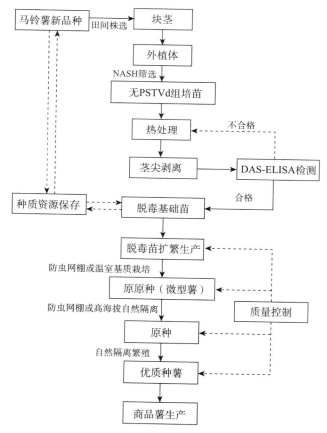

图 5-1　马铃薯脱毒种薯生产流程

2. 我国马铃薯脱毒种薯繁育模式

我国马铃薯种薯繁育体系一般为 4 年 4 级制：第 1 年为组培苗快繁→原原种繁育，第 2 年为原种繁育，第 3 年为一级种繁育，第 4 年为二级种繁育。

（二）种薯的分级

世界上生产马铃薯的国家均有其自有的种薯分级办法。例如，荷兰把基础种薯分为3级（S、SE和E级），合格种薯分为3级（A、B、C级），共分为6级。充分参考国外种薯生产先进成熟的经验，结合我国脱毒种薯生产中遇到的实际情况，目前，我国马铃薯脱毒种薯级别的划分办法与质量要求为：原原种（G_0）、原种（G_1）、一级种（G_2）和二级种（G_3）。原原种是指用脱毒苗在防虫网棚或具备隔离条件的原原种场地种植生产的块茎。原种是指用原原种作种薯，在高海拔隔离条件下的原种场繁殖的块茎。一级种是指由原种在具备一定隔离环境下生产的块茎。二级种是指由一级种在具备一定隔离条件下生产的块茎。

（三）种薯分级的依据

种薯分级的主要依据，除考虑所用脱毒组培苗材料的快繁年限及转接代数和种薯的生产环境条件外，还要结合田间检验及收获后块茎检验结果等。

1. 脱毒组培苗快繁年限及转接代数

长期继代培养的脱毒种苗有可能再次感染病毒和真菌、细菌。真菌、细菌的侵染主要是由于环境条件、操作不规范所致。而病毒的出现主要是因为植株茎尖剥离后体内病毒含量非常少，加上一些弱致病系病毒在血清检测时不发生反应，检测不到，脱毒种苗多次继代后，病毒逐渐积累，从而再次出现病毒侵染症状；或者由于操作不规范及其他一些原因造成病毒再次侵染。同时，脱毒种苗在离体条件下多次继代，还有可能产生芽变。因此，脱毒组培苗材料在快繁一定年限和转接代数以后，无论是否感染病毒，均不宜再作为基础苗进行快繁生产。只有这样，才能保证种苗旺盛的生理活性，生产的种薯依靠源源不断的健康优良的脱毒组培苗供应。建议种薯繁育单位每两年要更换一次脱毒组培苗，当脱毒组培苗快繁25～30代时，必须更换组培苗。新组培苗应由有关检验机构对各种可侵染马铃薯的病毒进行检测，同时还要对快繁生产的脱毒组培苗进行品种纯度、质量、品种性状的检测鉴定。

为提高马铃薯脱毒基础苗质量，可将基础苗转接到MS＋4％甘露醇＋3％蔗糖＋0.7％琼脂（pH为5.8）保存培养基上。减少转接频率，延长脱毒种苗的使用寿命。

2. 田间检验

马铃薯脱毒种薯繁育田间检验的主要项目如下。

（1）品种的典型性。 用于种薯生产的品种，必须经过田间生物学性状的真实性鉴定试验，确认具有该品种典型的特征特性。

（2）**品种纯度**。原原种和原种要求品种纯度为 100%；一级种和二级种要求品种纯度达到 99%。

（3）**病害**。田间植株表现症状的病害主要包括病毒病、晚疫病、早疫病、黑痣病、黑胫病、疮痂病、枯萎病、环腐病等。对于这些病害，各级种薯都规定有最高的允许发病率。超过最大允许率，种薯田便要相应降级或淘汰。

3. 块茎检验

经田间检验定为原种的都要进行块茎检验，定为良种的如果在通知的收获日期之前打秧，可免于块茎检验。一旦进行块茎检验，则依块茎检验结果确定种薯级别。由于病毒病和真菌、细菌病害的潜伏侵染特性，肉眼无法诊查，要与室内检验相结合，最终要以室内检验结果为主。

（四）马铃薯脱毒种薯生产的原则

1. 种薯健康

健康是马铃薯脱毒种薯繁育生产的核心，也是鉴别质量的唯一标准。所谓健康种薯就是指块茎无病毒和病害感染、无碰伤、无缺损、无冻烂、无生理性病害等。关于种薯健康标准，我国暂无统一规定。目前大家普遍采用的标准如下。

原原种：大小规格以 2～12g 为准，品种纯度 100%，不带病，退化株率为 0%。

原种：品种纯度 99% 以上，退化株率 1% 以下，真菌、细菌病薯率 0.1% 以下。

一级良种：品种纯度 97% 以上，退化株率 3% 以下，真菌、细菌病薯率 1% 以下。

二级良种：品种纯度 95% 以上，退化株率 5% 以下，真菌、细菌病薯率 2% 以下。

这种指标也符合《马铃薯种薯》（GB 18133—2012）要求。种薯繁育所有栽培管理措施都要围绕生产健康种薯这一目标进行。

2. 种薯产量

种薯生产者以追求较高的产量为目标，但是最重要的是要追求高质量的种薯。种薯质量排第一位，为了保证质量，可以采取延迟播种、控制氮肥施用量、及时淘汰田间发病或生长不正常的植株、提早收获等一系列影响产量的措施。提高繁育种薯的产量，可以降低繁种成本，提高经济效益，但如果只是一味追求高产而放松对质量的控制，种薯质量达不到国家或地方标准，就会遭到降级处理或作为商品薯，那么经济收入反而会更少。因此，在马铃薯脱毒种薯繁育生产中，产量一定要以保证种薯质量为前提，采用科学的栽培管理措施，生产出质量符合国家或地方标准，高产优质的马铃薯脱毒种薯。

3. 种薯大小

马铃薯种薯直接供给幼苗生长所需的水分和营养物质。脱毒种薯的大小不仅直接影响产量，更重要的是与种薯质量有关。除原原种外，关于种薯的适宜大小问题，国内外有很多研究报告都指出，整薯播种有利于病虫害的防控和机械化播种。因此，发达国家基本上都在使用整薯播种。如日本的种薯标准最小重量为 10 g/粒，最大为 80 g/粒；俄罗斯种薯标准为 60～80 g/粒；由于荷兰良好的生态自然条件和严格的种薯生产管理制度，种薯标准按种薯大小区分，分为直径 2.8～3.5 cm、3.5～4.5 cm、4.5～5.5 cm，鼓励种薯繁育者生产未完全老化成熟小种薯，价格比为 1：0.7：0.5。因此，脱毒种薯繁育生产的栽培管理原则是在合理密度内争取最大限度的密植栽培，保证单位面积上的足够植株数，采取催芽蹲芽技术和整薯早播的方法，增加每穴的主茎数，提高单穴的结薯数量；同时还要适当深播，进行分层多次培土，促进主茎的结薯层数和单株结薯数。

三、马铃薯脱毒组培苗快繁技术

马铃薯在种植生产过程中易感病毒，当条件适宜时，病毒就会在植株体内增殖、转运并积累于植株和薯块中，通过世代传递，马铃薯块茎中的病毒含量逐年增加，最后失去利用价值。病毒的繁殖、增殖与植物正常代谢过程极为密切，目前还没有发现既能杀灭病毒又不损伤植株的药剂，病毒病在马铃薯茎尖脱毒技术出现前一直为不治之症。茎尖剥离培养可以产生脱毒植株，早已被大量的生产实践所证明，为解决马铃薯等作物的病毒病危害开辟了有效新途径。现在，几乎所有主要的马铃薯生产国家都利用茎尖剥离脱毒技术，长期保持优良品种的生产潜力，生产脱毒基础种苗，并通过一定的脱毒种薯繁育体系，源源不断地为马铃薯生产提供优质脱毒种薯。

通过茎尖组织培养脱除了病毒的种薯具有极大的增产潜力，而如何将获得的少量脱毒种苗，在防止病毒二次侵染的条件下，加速繁殖大量脱毒种苗，是尽快使之应用于生产的重要环节。马铃薯是一种再生能力很强的植物，对培养条件的要求不太严苛。但若要获得健壮的脱毒种苗及高倍的繁殖速率，则需对马铃薯脱毒种苗生长所需的营养成分、培养条件以及影响脱毒种苗繁殖速度的一些因素，有比较全面的了解。

马铃薯脱毒组培苗（图 27）快繁标准化生产分为脱毒基础苗的真实性鉴定和脱毒组培苗的快速扩繁两部分。

（一）脱毒基础苗的真实性鉴定

茎尖分生组织是一个细胞分裂能力很强的组织，在组织培养的过程中，极易因外界条件的改变而发生变异，特别是当培养基加入外源激素时，品种变异的可能性就会增大，在马铃薯品种脱毒的过程中，发生变异现象对种薯扩繁生产是极为不利的。另外，在剥取茎尖分生组织过程中，由于细胞组织太小，有可能取到的组织是不带有本品种全部遗传基因的嵌合体组织，将它进一步培养，产生的种薯就不会与原品种完全相符。

所以，在对目标品种进行大量扩繁生产时，经过病毒检测后确认不带有病毒的脱毒基础种苗在进一步大量扩繁前，必须进行试种观察，即将每个脱毒株系材料的脱毒基础种苗取出 3～5 株假植，然后移栽到防虫网棚内试种观察，检验其是否发生变异，是否符合目标品种的全部生物学特性及农艺性状。

（二）组培苗快繁培养容器和接种器械的清洗

1. 培养容器的清洗

（1）浸泡。 新的培养容器（培养瓶、培养皿和试管等）直接放入洗洁精或洗衣粉溶液中浸泡；用过的培养容器须先倒掉瓶中的培养基后再浸泡；污染的培养容器要进行高压灭菌，然后倒掉瓶内污染物再浸泡 6 h 以上，随后清洗。

（2）洗刷。 用洗瓶刷洗刷瓶内残留的培养基和瓶外的灰尘。

（3）冲洗。 将培养容器用自来水冲洗 3～5 遍。

（4）晾干。 把冲洗干净的培养容器倒置在培养容器专用框中晾干。

（5）容器洁净标准。 晾干的培养容器内外壁无明显的斑点、污迹。

2. 接种器械的清洗

（1）清理。 清除接种器械（镊子、解剖刀、不锈钢支架等）上残留的培养基和培养材料。

（2）清洗。 将接种器械在洗洁精溶液中浸泡 2～3 min，用钢丝球洗刷后用清水冲洗 3～5 遍。

（3）灭菌。 用棉布或报纸等包好接种器械，进行高压灭菌。玻璃器皿应小心轻放，避免打碎划破手。移取烫手的器械时应戴隔热手套（如棉手套或石棉防火手套）。

（三）快繁培养基的配制

1. 快繁培养基的选择

马铃薯快繁培养基通常采用 MS＋3％蔗糖＋0.7％琼脂，pH 为 5.8，在培养基中加入活性炭，可提高茎的生长速度，有利于脱毒种苗叶片伸展及壮苗，一般用量为 0.3%。MS 培养基配方如表 5-1。

表 5-1　MS 培养基配方表

成分	化学式或简写	分子量	用量（mg/L）
硝酸钾	KNO_3	101.11	1 900
硝酸铵	NH_4NO_3	80.04	1 650
磷酸二氢钾	KH_2PO_4	136.09	170
硫酸镁	$MgSO_4 \cdot 7H_2O$	246.47	370
氯化钙	$CaCl_2 \cdot 2H_2O$	147.02	440
碘化钾	KI	166.01	0.83
硼酸	H_3BO_3	61.83	6.2
硫酸锰	$MnSO_4 \cdot 4H_2O$	223.01	22.3
硫酸锌	$ZnSO_4 \cdot 7H_2O$	287.54	8.6
钼酸钠	$Na_2MoO_4 \cdot 2H_2O$	241.95	0.25
硫酸铜	$CuSO_4 \cdot 5H_2O$	249.68	0.025
氯化钴	$CoCl_2 \cdot 6H_2O$	237.93	0.025
乙二胺四乙酸二钠	Na_2-EDTA	372.25	37.3
硫酸亚铁	$FeSO_4 \cdot 7H_2O$	278.03	27.8
肌醇	$C_6H_{12}O_6$	180.16	100
甘氨酸	$C_2H_5NO_2$	75.07	2
维生素 B_1	VB_1	337.27	0.1
维生素 B_6	VB_6	205.64	0.5
烟酸	VB_3	123.11	0.5

　　培养基是脱毒试管苗生产的基础。目前，马铃薯脱毒组培苗快繁大多采用 MS 培养基。培养基中营养成分是影响试管苗生长的重要因素，不同品种对营养元素的需求也有差异。有的品种适宜含高氮、磷、钾的培养基；有的品种在高钙的培养基上生长状态最佳；有的品种对营养成分要求不高，在仅含大量元素的 MS 培养基上表现叶大色绿，株高和茎粗均与常规培养基上的脱毒组培苗无显著差异；有的品种在低磷培养基上生长，组培苗的植株生长形态、生物产量均正常。因此，在保证脱毒组培苗高质量生产的前提下，采用不同的培养基配方（表 5-2），降低脱毒组培苗生产成本，有利于脱毒种苗与种薯的产业化发展。

表 5-2 常用培养基成分表（mg/L）

培养基成分及 pH	B5 培养基 (1968)	N6 培养基 (1975)	LS 培养基 (1965)	C2D 培养基 (1980)	ASH 培养基 (1986)	GS 培养基 (1986)
$(NH_4)_2SO_4$	134	463				67
NH_4NO_3			1 650	1 650	825	
KNO_3	2 500	2 830	1 900	1 900	925	1 250
$CaCl_2 \cdot 2H_2O$	150	166	400		220	150
$MgSO_4 \cdot 7H_2O$	250	185	370	370	185	125
KH_2PO_4		400	170	170	85	
$NaH_2PO_4 \cdot H_2O$	150					
Na_2HPO_4						175
$Ca(NO_3)_2 \cdot 4H_2O$				709		
$Na_2\text{-}EDTA$	37.3	37.3	37.3	37.3		18.65
$FeSO_4 \cdot 7H_2O$	27.8	27.8	27.8	27.8		13.9
$Fe\text{-}EDTA$					2.5	
$MnSO_4 \cdot 4H_2O$	10	4.4	22.3	0.85	2.23	
$ZnSO_4 \cdot 7H_2O$	2.0	3.8	8.6	8.6	1.05	1.0
H_3BO_3	3.0	1.6	6.2	6.2	0.62	1.5
KI	0.75	0.8	0.83		0.083	0.375
$Na_2MoO_4 \cdot 2H_2O$	0.25		0.25	0.25	0.025	
$CuSO_4 \cdot 5H_2O$	0.025		0.025	0.025	0.002 5	0.012 5
$CoCl_2 \cdot 6H_2O$	0.025		0.025	0.025	0.002 5	0.012 5
VB_1	10	1	0.4	3	0.04	10
烟酸	1.0	0.5		8	0.05	1
VB_6	1.0	0.5		5	0.05	1
肌醇	100		100	55.5	10	25
甘氨酸		2			0.2	
泛酸钙				0.5		
蔗糖	20 000	50 000	30 000	30 000	15 000	15 000
pH	5.5	5.8	5.8	5.7	5.8	5.9

脱毒种苗生长过程中，由于受外界环境的影响，或因早期使用激素（表 5-3）调控植株生长之后，往往易形成茎秆细弱、叶片小、节间长的徒长苗，这类苗在扩繁过程中，一般不影响繁殖速率，但对后期进行温室移栽影响很大，特别是移栽不易成活。为防止脱毒种苗徒长，可以对外界培养环境进行调

整，例如适当降低温度，增加光强度，利用自然光照复壮；也可以使用植物生长延缓剂，通过生理调节来解决。通常加入 5 mg/L 丁酰肼效果最好，它能使茎加粗，节间变短，叶片大而厚，植株生长健壮。为降低成本，切段繁殖培养基不需加植物生长调节剂，有些有机成分如泛酸钙、烟酸、肌醇等亦可省去，蔗糖可以用白糖替代，去离子水可以用自来水替代。

表 5-3　常用植物生长物质表

成分		配制方法	常用浓度（mg/L）	功能
细胞分裂素	6-BA	先用少量 0.5～1.0 mol/L 的盐酸（HCl）溶解，然后加蒸馏水定容	0.1～2.0	促进细胞分裂与扩大，诱导芽的分化，促进侧芽萌发生长，抑制顶端优势；常与生长素配合使用，用以调节细胞分裂、细胞伸长、细胞分化和器官形成
	激动素（KT）		0.05～2.0	
	玉米素（ZT）		0.05～2.0	
生长素	吲哚乙酸（IAA）	先用少量 1.0 mol/L 的 KOH 或 NaOH 溶解，然后加蒸馏水定容	0.1～1.0	促进细胞伸长生长和细胞分裂
			0.5～5.0	促进不定根和侧根形成
	吲哚丁酸（IBA）		0.05～1.0	促进细胞伸长生长和细胞分裂
			0.2～5.0	促进不定根和侧根形成
	萘乙酸（NAA）		0.01～0.5	促进细胞生长和扩大
			0.2～2.0	促进生根
	2，4-二氯苯氧乙酸（2，4-滴）		0.01～0.5	诱导愈伤组织和胚状体的产生
赤霉素	GA$_3$	先用少量酒精溶解，然后加水定容	0.0～0.2	诱导细胞伸长生长
乙烯（ETH）		—	—	促进芽的诱导和生长
丁酰肼		加水溶解	2～10	植物生长的抑制剂，能抑制植物疯长

2. 化学试剂的选择和保存

（1）选择分析纯（AR）级别化学试剂。

（2）化学试剂瓶应标签完整，并在有效期内使用。

（3）每瓶试剂在使用前要目测，应无异物异色。

（4）应严格按规定的温度存放。

3. 快繁培养基母液的配制和保存

（1）快繁培养基制备前需先配制培养基母液，培养基母液配制比例：一般大量元素 20 倍，微量元素及铁盐 100 倍，有机成分 200 倍。

（2）母液配制应用去离子水。各种药品必须在充分溶解后才能混合，同时在混合时要注意先后次序，把 Ca^{2+}、Mn^{2+} 和 SO_4^{2-}、PO_4^{3-} 错开，以免生成硫酸钙、磷酸钙、磷酸锰等沉淀。在混合各种无机盐时，其稀释度要大，慢慢混合，同时边混合边搅拌，最后定容。

（3）母液应置于 4 ℃左右的冰箱内保存，保存期应不超过 15 d。

（4）母液容器上应贴好标签，注明名称、配制日期，发现标签不明或母液中有沉淀、浑浊或变色现象应停止使用。

4. 植物生长物质的母液配制

（1）植物生长物质的母液配制浓度为 0.1～1.0 mg/mL。

（2）植物生长物质母液配制好后贴好标签，按规定说明保存，保存期应不超过 2 个月。

5. 快繁培养基的制备

（1）准备。根据快繁培养基成分准备好去离子水、琼脂、蔗糖和各类母液等。

（2）熔化琼脂。加入琼脂粉 4～5 g，加热搅拌使琼脂熔化。

（3）溶解糖。琼脂熔化后，按配制量加入 30 g/L 蔗糖，稍加热使糖溶解。

（4）添加母液。糖溶解后，按配制量加入母液，依次加入大量元素、铁盐、微量元素、有机成分，再根据要求加入激素，并充分搅拌。

（5）定容。搅拌均匀后，加去离子水至配制量。

（6）pH 测定。充分搅拌后，用 pH 测量计或 pH 试纸测定 pH，用 0.1 mol/L 的 HCl 或 0.1 mol/L 的 NaOH 调节 pH，一般为 5.8。

（7）分装。根据不同需要定量分装，如 250 mL 的培养瓶，每升分装 25～30 瓶，每瓶分装 35～40 mL。分装培养基时避免将培养基沾在培养瓶瓶口。

（8）封口。盖好瓶盖，或用封口膜封口，并用线绳扎紧。

（9）灭菌。培养基分装后要在 10 h 内进行高压灭菌。

（10）冷却。灭菌后的培养基应冷却，待完全凝固后再用。

（11）贮存。灭菌后的培养基应注明培养基编号及配制日期。按培养基种类和配制先后顺序分门别类储存于培养基储藏室内。为保证培养基质量，宜将配制好的培养基放置 5 d 左右再用，且储存时间不应超过 1 个月。

（四）消毒灭菌操作

1. 湿热灭菌

（1）组培苗快繁生产中主要采用高压蒸汽灭菌器进行湿热灭菌，高压灭菌器适用于培养基、无菌水、玻璃器皿、金属器械等，以及污染瓶的灭菌处理。

（2）应严格按使用说明书操作各种类型的高压灭菌器。

（3）灭菌要求。一般 107.8～117.6 kPa 下，121 ℃灭菌 20 min。

（4）已灭菌的培养瓶或物品不得与未灭菌培养瓶或物品混放；合格的灭菌培养瓶或物品，灭菌后要注明灭菌日期。

2. 干热灭菌

（1）玻璃器皿及耐热器械应采用干热灭菌。

（2）干热灭菌利用烘箱将目标物加热到 160～180 ℃的温度来杀死微生物，通常持续 90 min 进行灭菌。

3. 过滤灭菌

（1）不耐高温的物质需采用过滤灭菌，一些植物激素（如赤霉素、玉米素、脱落酸等）和抗生素通常采用过滤灭菌方法。

（2）过滤灭菌采用滤膜网孔直径为 0.45 μm 以下的微孔过滤灭菌器。

4. 灼烧灭菌

（1）用于无菌操作的器具采用灼烧灭菌。

（2）灼烧灭菌可采用接种用电热灭菌器或酒精灯。

5. 物体的表面灭菌

（1）可用 75％酒精、过氧化氢或 84 消毒液等涂擦、喷雾灭菌。如试验台、超净台、双手、植物材料表面、镊子、剪刀、支架等。

（2）组培快繁中的组培基础瓶（盒）苗在进行转接前，从培养室转送到接种工作室当天要用 75％酒精或 84 消毒液进行表面灭菌处理，以防杂菌带入接种室造成环境污染。

6. 紫外线灭菌

（1）接种室、培养室等房间定期用紫外灯灭菌。

（2）紫外灯灭菌一般为 30 min。

7. 熏蒸灭菌

组培工作室、组培苗培养室熏蒸时，要密闭房间，1 m³空间用 10 mL 甲醛和 5 g 高锰酸钾熏蒸 2～3 d，再通风 2～3 d，无味后工作人员方可进入。

（五）组培苗快繁接种操作

1. 操作准备

（1）接种工作人员应在更衣室更换拖鞋、穿白大褂（或防尘服），戴上帽子、口罩后经过风淋室才可被容许进入接种室。

（2）接种工作人员在接种之前应准备酒精灯或电热灭菌器、酒精、无菌脱脂棉或纱布以及接种器械、培养基、接种用洁净基础苗等。

（3）超净工作台或洁净无菌接种室提前 30 min 开机通风净化，同时打开操作间、更衣间及缓冲间的紫外线灯，一般灭菌 30 min 后，关掉紫外线灯，紫外线灯关闭 15～20 min 后接种工作人员才可进入室内。

（4）超净工作台用 75% 酒精仔细擦一遍消毒。

（5）提前 15 min 打开电热灭菌器。

（6）操作工作人员进入接种室前洗手，在超净工作台或操作台上用 75% 酒精擦拭手部，吹干。

2. 基础瓶（盒）苗的选取

（1）基础瓶（盒）苗检查。选取基础瓶（盒）苗时，要仔细检查基础瓶（盒）苗是否污染，若发现污染应立即剔除。

（2）基础瓶（盒）苗预处理。按生产计划选取基础瓶（盒）苗，表面喷75% 酒精后，用无菌纱布擦净，放于操作台上备用，接种过程中若发现基础瓶（盒）苗污染则立即封口。

（3）污染基础瓶（盒）苗处理。把污染基础瓶（盒）苗放置统一地点集中处理。

3. 接种器械灭菌

（1）接种前将接种器械用棉布或纸包好进行高压灭菌。

（2）接种时若使用酒精灯灭菌，接种器械先用 75% 酒精擦拭，再放在酒精灯外焰上灼烤一遍，要求接种器械在火焰上灼烤时间在 10 s 以上。

（3）若使用电热灭菌器灭菌，接种器械先用 75% 酒精擦拭，再插入电热灭菌器中进行灭菌，150～250 ℃灭菌 30 s 以上。

4. 接种处理

（1）在开始接种操作之前，接种工作人员的手部（包括手腕），要用 75% 酒精仔细擦拭一遍。

（2）接种器械灭菌后，搁在器具架上晾置 2 min 以上备用。

（3）基础苗剪切。先打开培养瓶盖或揭掉培养盒的透气膜，左手拿基础苗瓶（盒），瓶口不要斜向外、距离酒精灯 20～25 cm 正前方。右手执剪，剪成带 1～2 个叶片的茎段。

（4）组培苗扦插。打开制备好的培养瓶（盒）盖，瓶盖朝下放置在无菌的工作台面上（工作台面经常用浸过 75％酒精的纱布涂抹灭菌）。用镊子取出基础苗瓶（盒）中剪切好的组培苗茎段，插入制备好的培养瓶（盒）中，使带 1 个叶芽的叶片接触培养基，带 2 个叶芽的 1 个叶片插入组培苗快繁培养基（图 28）。

镊子不应碰到培养瓶（盒）外壁或瓶口；组培苗不能倒置插入培养基中。组培苗在瓶内要排放均匀、整齐。

（5）接种密度。组培瓶每瓶扦插 25 株左右，组培盒每盒扦插 64 株。

（6）封口。及时盖上瓶盖，其松紧度以用手转不动为准。或用封口机封膜。

（7）接种器械清洗和灭菌。组培苗剪切和接种后，要将接种器械放在盛有 75％酒精的瓶中漂洗，然后用酒精灯或灭菌器灭菌后晾凉备用。

（8）标记品种明细。接种工作人员将品种代号、培养基类型、个人编号以及接种日期认真标示于瓶上，逐日统计本人的接种数量，包括接种前数量和接种后数量，字迹工整。

（9）组培苗运送。接种完毕，把组培苗瓶（盒）送到培养室，要整齐摆放在指定的组培架上。

（10）关机。离开之前应熄灭酒精灯或关闭电热灭菌器，把超净工作台整理干净，清理接种过程中产生的空瓶、垃圾及杂物，擦拭操作台面，并用 75％酒精喷洒台面，台上的物品也要摆放整齐，最后关闭超净工作台及电源。

5. 组培苗接种工作人员的注意事项

（1）组培苗接种操作人员应注意个人整洁和卫生，勤剪指甲，操作时头、胳膊等不应进入超净工作台内。

（2）操作时不应随意谈话、说笑，更不能拍视频或视频直播，以减少污染。

（3）工作人员出入接种室时应随手关门。

（4）接种工作过程中产生的垃圾应及时清理，要随时保持接种室洁净环境。

6. 接种操作的安全管理

镊子、解剖刀、手术剪等组培苗接种器械的灭菌采用酒精擦拭或浸泡后在酒精灯上灼烤的方法，接种器械灼烤时应远离盛酒精的容器，不应灼烤后立即插入盛酒精的容器中，也应避免碰倒酒精容器或酒精灯后引起失火。在酒精灯点燃后，不可用酒精溶液喷洒超净工作台。如果失火，应立刻关闭电源，用湿布扑灭。若火势较大，用灭火器扑灭。

（六）组培苗快繁培养室管理

1. 培养室组培苗培养环境管理

温度：（22±2）℃。

湿度：相对湿度 70%～80%。

光照：光照强度 2 500～3 000 lx，时间 16 h。

2. 组培快繁培养苗瓶（盒）的摆放

培养室内，组培快繁培养苗瓶（盒）要摆放整齐，透光，品种应分区域摆放（图 29）。

3. 污染检查

（1）接种材料污染采取培养室管理员和接种员双重鉴别制，各自做好记录，寻找和分析污染产生的原因并加以纠正。

（2）严禁在培养室、接种室及中央走廊内开启受污染组培苗培养瓶（盒）瓶盖（膜）。

（3）发现真菌、细菌感染组培苗，要在当天进行高温灭菌。

4. 培养室清洁消毒管理

（1）每周用 75%酒精溶液喷雾降尘。

（2）每周用消毒液，如 84 消毒液擦拭地板、门窗等。

（3）每隔 1 周用臭氧发生器消毒 30 min。

（4）如培养室有通风装置的，每年用甲醛熏蒸 1～2 次。

（5）每月用杀螨剂、杀虫剂等药剂喷雾 1 次，防治蓟马、蚂蚁等。

（七）组培苗的质量标准

1. 组培苗整体状况

组培苗有活力，粗壮、挺直，叶片大小协调、有层次感、色泽正常，叶色要保持原品种特性，无玻璃化。

2. 组培苗根系状况

组培苗有新鲜根系（一般 3 条以上），长势好、色白健壮，根长适中，基本无愈伤组织。

3. 组培苗植株高度

组培苗的苗高适中，一般 7～8 cm。

4. 组培苗叶片数

组培苗具有适宜和正常的叶片数，一般不少于 5 片。

5. 组培苗整齐度

同一批次组培快繁培养苗 90%以上苗高达到要求的高度。

6. 培养基污染状况

组培苗要求无污染。

（八）继代次数及繁殖速率

脱毒种苗一般每间隔 20～25 d 转接一次，扩繁倍数一般为 3～6 倍。从理论上推算，按一年继代 12 次，每次平均扩繁 4 倍，1 株脱毒种苗一年后可繁殖约 0.16 亿株。由此可见，脱毒种苗无菌快繁的潜力很大。但是由于设备条件及技术上的原因，在实际操作时远远达不到这种繁殖速度。在一间可控温的 20m² 培养室内，可放置 8 个架子，每架 6 层，每层可放置 120 mL 玻璃瓶 120 个，按每瓶装 25 株脱毒种苗，每年扩繁 10 次计算，每年可生产脱毒种苗 135 万株。

（九）脱毒种苗快繁中的真菌、细菌污染的预防与控制

真菌、细菌污染是植物组织培养过程中普遍发生的问题，控制不好很容易对脱毒苗造成毁灭性的灾难，特别是夏季阴雨天气空气湿度大，真菌孢子、细菌在空气中的含量很高，传播很快，所以对于真菌、细菌污染必须做到提早预防、及时控制。

具体注意事项如下。

（1）严格按操作规程作业，尽可能减少人为污染。脱毒苗快繁用剪刀在瓶内切段，瓶口对瓶口接种，减少污染机会。

（2）工作人员坚持每天巡视培养室，发现污染培养瓶及时拿出培养室。

（3）降低培养室湿度，可采取安装空调或除湿机的方式，使空气相对湿度降低到 60% 以下，特别是在阴雨季节，更应注意除湿，以防止污染大流行。

（4）一旦发生污染大流行，要在清除全部污染源的同时，将培养室通风换气，并采用酒精喷雾，紫外线灯杀菌。必要时可采用多菌灵等杀菌烟雾剂室内杀菌。

（5）对十分珍贵的材料，或由于污染濒临灭绝的材料，每升培养基中加入青霉素或链霉素 0.12 g，挽救被细菌污染的材料；将 5 mg/L 多菌灵加入培养基，挽救被真菌污染的材料。材料在含有杀菌剂的培养基上培养一段时间后，必须及时转回到正常快繁培养基，以免影响脱毒种苗的生长。

四、马铃薯试管薯繁育技术

马铃薯试管薯（microtuber）是在离体条件下，通过对培养条件及培养基的调控，诱导脱毒试管苗在容器内形成的微型块茎（图 30）。试管薯为重量不

足 1 g 的小粒块茎，既便于种质资源的保存与交流，又可以直接用于生产脱毒原原种或原种（图 31a 至图 31f）。由于试管薯在密闭的环境中生产，质量和脱毒组培苗一样，没有病毒和真菌、细菌侵染，生产出的微型小薯质量佳。用试管薯作为种薯生产马铃薯的高效技术有许多优点：①试管薯生产完全在实验室进行，因此可以避免田间种薯生产中病原菌的再侵染，以其作为种薯，可从根本上解决种薯退化问题。②试管薯生产不受季节限制，小面积的实验室即可提供较大数量的种薯，每平方米空间年生产试管薯 6 万粒以上，节约耕地。③试管薯体积小，储存和运输成本低。④试管薯可以一年四季不断生产，真正实现工厂化生产。

因此，研究探索诱导马铃薯试管薯工厂化生产技术，实现马铃薯试管薯的工厂化生产和产业化开发，对马铃薯脱毒种薯产业化发展具有极其重要的意义。

（一）壮苗培养

1. 壮苗培养基

壮苗培养基为改良的 MS 培养基，大量元素［磷酸二氢钾（KH_2PO_4）196 mg/L、硝酸钾（KNO_3）2 230 mg/L、硝酸铵（NH_4NO_3）1 850 mg/L、硫酸镁（$MgSO_4 \cdot 7H_2O$）465 mg/L、氯化钙（$CaCl_2 \cdot 2H_2O$）530 mg/L］、微量元素、铁盐和有机成分按 MS 培养基配制。

将培养基装入组培瓶，置于 107.8 kPa 消毒锅，120 ℃高压灭菌 20 min。

2. 扩繁与培养

将培养好的基础苗培养瓶表面和瓶盖用 75％酒精擦拭消毒，置于超净工作台上，取出脱毒苗，按单茎切段，每个段带 1 片小叶插入培养基，进行繁殖。

培养温度 22～25 ℃，光照强度 3 000～4 000 lx，光照时间 14 h/d，采用自然光照培养室培养 15～20 d。培养出健壮的脱毒苗作为诱导材料，这是试管薯诱导成败的关键。只有在诱导结薯前具有 5 片叶、苗长 5 cm 以上、根系发达、茎秆粗壮、叶色浓绿的脱毒苗，才能获得高产优质的试管薯。

（二）试管薯诱导

1. 制备诱导培养基

常用的诱导马铃薯原原种的基本培养基为 MS 培养基，在诱导结薯的培养基中加入植物激素，能够有效地增加试管薯结薯粒数。试管薯诱导培养基配方如表 5-4。

表 5-4　试管薯诱导培养基配方

成分		化学式或简写	用量（mg/L）
大量元素	硝酸钾	KNO_3	2 650
	硝酸铵	NH_4NO_3	1 650
	磷酸二氢钾	KH_2PO_4	232
	硫酸镁	$MgSO_4 \cdot 7H_2O$	370
	氯化钙	$CaCl_2 \cdot 2H_2O$	480
微量元素	碘化钾	KI	1.6
	硼酸	H_3BO_3	14.5
	硫酸锰	$MnSO_4 \cdot 4H_2O$	31.4
	硫酸锌	$ZnSO_4 \cdot 7H_2O$	18.2
	钼酸钠	$Na_2MoO_4 \cdot 2H_2O$	0.08
	硫酸铜	$CuSO_4 \cdot 5H_2O$	0.05
	氯化钴	$CoCl_2 \cdot 6H_2O$	0.05
铁盐	乙二胺四乙酸二钠	Na_2-EDTA	37.3
	硫酸亚铁	$FeSO_4 \cdot 7H_2O$	27.8
有机成分	肌醇	$C_6H_{12}O_6$	100
	甘氨酸	$C_2H_5NO_2$	2
	维生素 B_1	VB_1	0.1
	维生素 B_6	VB_6	0.5
	烟酸	VB_3	0.5
糖及活性炭	蔗糖	$C_{12}H_{22}O_{11}$	80 000
	活性炭	C	1 000

按上述配方配制液体培养基，加入 1～3 mg/L 6-BA，pH 5.6，装入容器高压灭菌。

2. 加入诱导培养基

选择植株生长势强、株高整齐一致、茎秆粗壮、节间短、根系发达、无真菌和细菌污染的培养苗。将壮苗培养瓶的瓶表面和瓶盖用 75% 酒精擦拭消毒，置于超净工作台上，打开经过高压灭菌的装有诱导培养基的组培瓶盖，然后打开壮苗培养瓶瓶盖，倒入 20 mL 的诱导培养基，盖上瓶盖。

3. 诱导培养

将已灌入诱导培养基的培养瓶置于人工黑暗室内培养，培养温度 18 ℃，保持室内空气相对湿度在 65% 左右，适时通风换气。培养周期 45～60 d。

4. 收获

试管薯成熟前从黑暗环境取出，放置在自然光照环境培养 10 d 左右，使其块茎老化，进行收获，收获后在室内摊晾 3～5 d，剔除畸形薯及杂物。试管薯质量符合《马铃薯脱毒种薯繁育技术规程》（NY/T 1212—2006）要求。

分级标准：按试管薯个体重量大小依次分为 0.2 g 以下、0.2～0.3 g、0.3 g 以上 3 个等级。

5. 贮藏

将试管薯按等级分开放置，喷施 0.1％的抑菌灵，自然晾干。采用玻璃瓶或塑料瓶包装，瓶口要透气性良好，每瓶 5 000～10 000 粒，按等级和收获期分品种装瓶，瓶身外做好品种名称、灌装营养液日期等标记，瓶内放入标签。相对湿度 80％～90％，2～3 ℃低温贮存。

五、马铃薯脱毒原原种繁育技术

马铃薯原原种是利用脱毒试管苗或由其生产的试管薯，在防虫网棚或温室内采用无土栽培技术生产的小块茎，原原种的大小以 5～10 g 最为适宜。

（一）防虫网棚建设

原原种生产是在完全人工隔离的无土栽培条件下完成的，除了光照和温度条件外，水分和营养供应完全靠人工调控，属于设施栽培的范畴。原原种生产设施可以是温室，也可以是防虫网棚。由于防虫网棚具有建设技术简单、生产成本低等优势，目前马铃薯原原种生产大多采用防虫网棚生产。

1. 防虫网棚地点选择

网棚建设应选在通风排水良好、水源充足且水源无污染、地势平坦的开阔地带，根据用工特点和管理规范，以 20～50 亩为一个生产单元为宜。

2. 防虫网棚建设要求

原原种生产网棚必须具有良好的防虫隔离条件，以防止昆虫传播病毒而造成脱毒马铃薯的再侵染。马铃薯病毒主要靠蚜虫传播，防虫网棚隔离采用 40 目的尼龙筛网密封。防虫网棚入口处要设立缓冲间或缓冲帘，防止进入防虫网棚时蚜虫趁机进入。

（1）防虫网棚要具有很好的通风透光条件，在防虫网棚建设时，平原地区一般以南北朝向为好，以利于通风透光，山区利用平坝河谷建设防虫网棚，要根据原原种生产季节的风向确定防虫网棚建设方向。

（2）防虫网棚建设要考虑良好的排水性，如果地势较低，应在防虫网棚周围建排水系统。

（二）组培苗移植

1. 苗床准备

育苗床长 600～2 000 cm，宽 110～130 cm。育苗床底部铺一层园艺地布或细沙，与土壤隔离，以防止杂草和土壤中有害微生物生长，使生产基质中多余水分向下渗漏。条件许可时，应建立管道灌溉系统和雾化微喷灌系统。

2. 培养基质

原原种生产采用培养基质替代土壤。所用的培养基质通常为蛭石、椰糠、珍珠岩、腐殖质土等矿质或有机基质材料。椰糠、蛭石和珍珠岩具有酥松质轻、吸水保水性好的优点，是无土栽培中广泛使用的材料。通过在基质中添加有机肥和化肥等营养成分，可以达到生产高效、低成本的目的。

3. 基质铺施

在苗床的地布或细沙上铺一层 5 厘米厚的蛭石，浇水（每立方米加 20 g 多菌灵、杀菌剂链霉素 1 g、杀虫剂啶虫脒 10 g，均匀混合），使蛭石含水量达到要求，一般做到手抓不散开为宜，准备栽苗。

4. 组培苗炼苗

组培苗本身的质量是决定移栽成活率的关键因素，因此培育壮苗是提高移栽成活率的主要措施之一。炼苗是组培过程中较为重要的一个环节，是一个较为复杂的技术体系，提高组培苗炼苗成活率是决定组培成败和降低组培成本的关键。

全日光培养组培苗移栽定植生产马铃薯原原种不需要炼苗，室内灯光组培苗一般在高湿（湿度 100%）、弱光（3 000～4 000 lx）、恒温（22 ℃）下培养。组培苗叶片细胞间隙大、气孔开张大、没有角质层保护。当移栽时，环境有了极大的改变，湿度降低、光照增强、温度升高、温差变大，根系吸水能力不足，致使水分散失较快，易于萎蔫死亡。因此，在定植移栽前将组培苗培养瓶置于半遮阴、空气湿度 85%～90%、温度 18～22 ℃ 的网棚或日光温室中培养 7～10 d，使组培苗叶面接受太阳光的照射，促使叶片表面角质层形成，增强抗逆能力，使组培苗保持健壮挺拔的姿态，从而提高定植成活率。

5. 试管苗清洗及运送

根据试管苗质量，将脱毒试管苗取出，洗去培养基，保持根须完整，近距离直接移栽；远距离要每 150 株左右用湿报纸包裹，放入铺有塑料地膜的箱体内，平放 2 层，然后包裹地膜，装入带有箱体的运输车内，温度不要超过 26 ℃，运送到温室或防虫网棚。

6. 试管苗栽培

在温室和防虫网棚外覆盖透光度 50% 的遮阳网，采用等行距或宽窄行双垄栽培方式，株距均为 5 cm，等行距为行距 8～10 cm，宽窄行双垄栽培行距为宽行 15 cm、窄行 5 cm，密度为 200 株/m²。移栽时先开 3 cm 深的沟，摆好试管苗，用手覆盖蛭石并轻压；或用镊子夹住组培苗根部，直接斜插入蛭石等基质中。然后用喷壶浇透清水（温度与室温一致），使试管苗与基质充分接触，再用塑料地膜覆盖小拱棚保湿（图 32）。

（三）苗期管理

1. 幼苗管理

（1）试管苗幼苗管理。 试管苗移植后，幼苗采用全光照雾化技术，在完全光照条件下，通过定时雾化处理，控制最适宜的光照（全光照）、温度（23～30 ℃）、湿度（90%）环境和循环空气等，维持离体扦插植株正常的生理活动和快速生根生长。5～7 d 后幼苗长出新生根，根据植株营养状况，开始喷施 MS 营养液和水促进生长，每 5～7 d 喷营养液 1 次，水和营养液交替进行，雾化喷水保持基质湿润状态即可，根据苗情适当通风，培育壮苗，环境温度 20～25 ℃。

（2）温室定植苗幼苗管理。 春季前期温度低，组培苗移栽和扦插后，要将整个温室用薄膜覆盖以利于保温。由于春季是一个温度逐渐上升的季节，所以一般在 3 月底以后，当上午 11 时左右防虫网棚内温度达到 22 ℃左右时，揭开塑料薄膜通风。到了马铃薯块茎生长阶段，此时一般温度上升也较快，只要不是雨天，要将薄膜全部打开，以利于通风降温（图 33）。

2. 壮苗管理

（1）苗龄 20 d 左右，植株基本达到枝叶健壮、根系发达的植株形态，每 5～7 d 叶面喷施马铃薯专用营养液或磷酸二氢钾（500 mg/L）或尿素，促进植株健壮生长。

（2）苗龄 30 d 后，加强水肥管理，结合培养基质施入尿素和磷酸氢二铵。

（3）基础苗培育期间注意病虫害防治，及时拔除病株。用代森锰锌、烯酰吗啉、霜脲·锰锌等，每周喷 1 次，防治早疫病、晚疫病，用杀虫剂交替喷洒防治蚜虫。

3. 结薯期管理

（1）化学促控。 当苗高 30 cm 左右，建成良好的植株形态时，叶面喷施氯吡脲等细胞分裂素，促进植株健壮生长和使营养物质向地下块茎转移，促进匍匐茎发生、生长和顶端膨大。植株发生轻度徒长时，可采用多效唑抑制地上部生长，促进地下匍匐茎发生。

（2）水肥促控。 匍匐茎已经开始膨大时，须合理控制水分，以免植株地上部徒长，影响结薯。温度在 17～25 ℃时，4 d 左右浇水 1 次，保持基质达到一定的湿润状态即可。

（3）基质促控。结合施肥，在定植苗基部培高 1 cm 左右的基质，促进匍匐茎发生部位的上移和快速生长发育。通过培入适量混合基质，即每立方基质加入 1 kg 混合肥（尿素：磷酸氢二铵：硫酸钾为 1：2：1），增加匍匐茎的生长和结薯空间。

（4）机械促控。当植株发生严重徒长时，可采用结合收获原原种再重新移栽的机械措施，使植株地上部生长受阻，生长中心转移到地下块茎。

（四）收获

1. 收获前管理

为保证原原种收获后质量高，收获前 7 d 内不浇水，促进薯皮老化，当基质持水量达到手抓不团粒的程度即可收获。

2. 收获时期与标准

移栽后 55～65 d，当大部分薯块达到 2 cm 以上时，即可准备收获，微型种薯的大小标准为 2 g 以上，无任何病虫害和机械损伤（图 34）。

3. 收获方式

根据实际情况可采用直接收获和循环收获两种收获方式。

直接收获：将植株整株成束拔起，小心摘下大小符合要求的合格原原种，植株不再利用。

循环收获：轻轻将植株周围的基质扒开，露出匍匐茎后，在原苗根系不动的情况下小心摘下大小符合要求的合格原原种。幼嫩小原原种不摘，使其仍完好地保留在匍匐茎上，收获时注意不损伤匍匐茎及幼嫩小块茎，然后重新培好基质，加强水肥管理等待再次收获，一般每次每株可收获 2～3 粒微型种薯。10～15 d 以后即可再次收获，根据植株生理状况，一般可循环收获 3～4 次。每次收获后均需加强栽培管理。

（五）入库前的处理

马铃薯收获后的 10～15 d 为生理呼吸高峰期，此时如果处理不当，极易造成烂薯。

1. 薄摊晾晒

原原种收获后的前 10 d，要置于 17～20 ℃的温度条件下，促使薯块表皮老化。将新收的微型种薯轻轻摊放在室内地面，在散射光条件下晾晒，使其表面水分缓慢蒸发，提高薯皮抗损伤能力。

2. 分级

在规模化生产中，一般在原原种老化处理 10 d 时，即可开始分级。因为一般要在所有原原种分级完毕后才能正式入库，所以先分级的原原种仍然需继续在阴凉通风处放置。为保证种薯的整齐性，分级一般按照7级进行，从小到大依次为：2 g以下、2～4 g、4～6 g、6～10 g、10～15 g、15～20 g、20 g以上。

3. 装袋

分级后的原原种按照大小装入网袋，挂上品种标签，注明品种名称、等级、日期。

（六）入库贮藏

1. 入库管理

（1）消毒。入库前7～10 d对冷库进行消毒处理，消毒采用40％甲醛熏蒸3 d，然后让有毒气体充分挥发3～5 d。

（2）堆放。装袋后的原原种，即可进贮藏窖。包装合格的原原种在贮藏窖中应分品种码放，严禁品种混合放置。网袋的码放高度为6层，为保证通风，一般成条放置，每条间留一定空间便于管理（图35）。

（3）为避免混放，入库阶段应分品种进行，入库时应做好详细登记，一般在原原种入库前后由2名生产技术人员进行监督记载，一个品种完成，双方核对无误后，再进行下一个品种。

2. 贮藏管理方法

（1）依照技术人员的指导，根据贮藏时间的不同确定相应的贮藏温度和湿度，在贮藏过程中，根据需要及时调整贮藏条件。

（2）库内马铃薯要按品种分区统一堆放，切忌品种间的混杂。包装袋成条放置，每条中间须留一定空间，且包装袋不要紧贴贮藏库的墙壁，以便通风散热。

（3）做好库内温、湿度的记录和管理，记录的时间现定为：上午7时和11时，下午2时和6时，晚上10时。认真观察库存薯块状态，发现异常情况要及时上报技术人员和部门负责人，及时做出相应处理。

（4）贮藏库管理人员要隔一段时间翻动马铃薯1次，随时观察原原种贮藏过程中是否有坏损、发芽等情况的发生，对发现的腐烂的薯块要及时处理，以免对其他种薯造成污染。贮藏超过3个月要密切观察马铃薯是否发芽，对发芽的种薯要进行相关处理。

六、雾培马铃薯原原种生产技术

雾培马铃薯原原种是将通过水培壮苗培养的马铃薯脱毒苗定植在雾培箱

中，利用喷雾装置将营养液雾化为小雾滴喷射到根系，通过对营养液和培养条件的调控，诱导脱毒试管苗在雾培箱内形成微型块茎（图 36）。

（一）水培壮苗培养

选择健壮的无病毒的马铃薯脱毒组培苗，定植到栽培板上，漂浮到特定的营养液上静置培养，给予自然光照和半开放的环境条件，培养健壮的马铃薯水培苗。

1. 组培苗移栽

选取叶片大、节间短、苗长 3～5 cm、生长健壮的脱毒组培苗。用清水将脱毒苗根部培养基冲洗干净，移栽到栽培板，移栽密度为 800～1 000 株/m²，用 1/2 MS 培养基大量元素和微量元素的营养液培养壮苗。

2. 培养环境

培养温度 22～25 ℃，光照强度 3 000～4 000 lx，光照时间 12 h/d，采用自然光照培养室进行培养。

3. 培养周期

培养周期 15～20 d。水培苗长出 4～6 片新叶、苗高 12～15 cm、基部茎粗 2mm 以上时即可移栽定植到雾培箱上。

（二）雾培室准备

马铃薯雾培温室应具备马铃薯原原种生产要求。雾培室需通风向阳，雾培苗床底部离地高度不超过 30 cm，箱体宽 60～90 cm、高 80～100 cm，盖板为保温板，盖板上按 15 cm×15 cm 钻孔，孔径为 10～15mm。雾培室要有遮阳网、水帘以及负压风机等降温遮阴设施。雾培营养池的大小根据雾培苗床的面积而定，每 40 m² 定植苗约需 1 m³ 的营养液，雾培苗床面积大时，可分区域供给营养液。

1. 设施消毒

雾培法生产马铃薯脱毒原原种的主要设备，由营养液自动定时喷雾设备和栽培槽两部分构成。

用 0.5% 高锰酸钾溶液擦洗定植板和栽培槽。用 0.1% 高锰酸钾溶液冲洗雾培管道 1 h，然后用清水冲洗管道。

2. 雾培箱消毒

雾培箱由于连作和重茬，室内残存着许多病原菌，定植前也应进行消毒处理，方法宜采用药剂熏蒸结合太阳能高温消毒。具体做法：去掉雾培箱上部的定植板，竖立放置在雾培箱旁，把事先配制好的高锰酸钾用陶瓷或玻璃容器分装，均匀地摆放在雾培室地面上，然后按照 40% 甲醛 10 mL/m³、高锰酸钾

$5 g/m^3$ 计算用量，加入甲醛后，立即密闭雾培室 24 h。消毒后要打开门窗通风换气。

（三）雾培营养液配制

营养液配方：大量元素，磷酸二氢钾（KH_2PO_4）320 mg/L、硝酸钾（KNO_3）1 790 mg/L、硝酸铵（NH_4NO_3）200 mg/L、硫酸镁（$MgSO_4 \cdot 7H_2O$）345 mg/L、硝酸钙〔$Ca(NO_3)_2 \cdot 4H_2O$〕378 mg/L、氯化钠（$NaCl_2$）75 mg/L；微量元素，硫酸锰（$MnSO_4 \cdot 2H_2O$）2.6 mg/L、硫酸锌（$ZnSO_4 \cdot 7H_2O$）1.06 mg/L、硼酸（H_3BO_3）5.15 mg/L、碘化钾（KI）0.58 mg/L、钼酸钠（$Na_2MoSO_4 \cdot 2H_2O$）0.7 mg/L、硫酸铜（$CuSO_4 \cdot 5H_2O$）0.65 mg/L；硫酸亚铁（$FeSO_4 \cdot 7H_2O$）20.86 mg/L、乙二胺四乙酸二钠 15.5 mg/L。

（四）雾培苗定植

甘肃省及北方地区每年春秋两季适宜雾培马铃薯原原种生产。移栽前整理培养好的马铃薯水培苗，剪掉下部叶片，保留上部 3～4 片完整叶片，在 80 mg/L 氨基寡糖素中浸泡 15 min，然后用镊子轻轻夹住水培苗底部根系，用手扶住苗顶部，将水培苗放入雾培箱定植板的栽培孔中。水培苗根部要充分接触到营养液雾滴，上部 2～3 片叶露出栽培孔。

（五）雾培苗生长管理

在整个雾培马铃薯定植苗气雾培养期间，前期是管理的重点，这一阶段主要是促进植株健壮生长，使其早发棵，形成发达的根系和萌生较多的匍匐茎，为后期的产量打好基础。

1. 光照和温度

幼苗定植第 1 天，为防幼苗失水萎蔫，要全天遮阴；第 2～4 天早晚见光，中午前后遮阴；第 5 天新根已有吸收能力，开始正常光照。定植后适当地提高温度和湿度，延长阳光照射时间，有利于缓苗。

营养生长阶段温度保持在 20～23 ℃，生殖生长阶段白天温度保持 23～25 ℃，夜间温度保持 10～15 ℃。结薯期间温度不能过高，温度高于 25 ℃，结的薯块小，且变形。光照时间不少于 13 h，适当延长阳光照射时间有利于植株生长、匍匐茎形成和块茎膨大。

2. 降苗与打杈

降苗就是降低雾培定植苗的高度，是雾培马铃薯原原种生产前期管理的一项经常性工作，其作用是增加根系和匍匐茎的着生节位，并可防止倒伏，使植株保持直立状态。一般情况下在定植后的 10 d 左右开始第 1 次降苗，即摘除定植苗相应节位上的小叶片，将植株的基部茎节降至定植板下，增加定植板下定植苗基部的节间数，促进新根和葡萄茎产生。降苗应本着宜早不宜迟、先少后多、少量多次的原则。可根据幼苗生长情况，每次降苗 1～2 个节间，每隔 5～10 d 进行 1 次。

晚熟品种一般植株生长势旺，高大粗壮，发枝能力强，植株间茎叶郁蔽，底部叶片极易变黄。雾培定植苗 20 d 左右形成侧枝，打杈可结合降苗进行，只要是易于除掉的腋芽，应尽早去除，增加植株间的通风透光量，促进根系生长和葡萄茎的形成与块茎膨大。早熟种一般生长势较弱，分枝能力相对差，除侧枝影响降苗外，一般不必打杈。

3. 控制徒长

在温室条件下，雾培马铃薯定植苗生长速度快，易徒长，造成植株间郁蔽和倒伏。可根据植株长势，在株高 25～35 cm 时，适当使用生长调节物质控制株高。首次使用浓度不宜过大，以免造成生长阻滞，致使底部叶片变黄，影响结薯。

4. 营养液管理

在雾培马铃薯定植苗的不同生育阶段采用不同浓度的营养液处理。定植时为配方浓度的 1/3 并添加 0.2 mg/L NAA 刺激幼苗发根。随着幼苗的长大和根系增多，营养液浓度逐渐增加到 1/2、2/3，每种浓度使用时间为 5～7 d，最后达到配方浓度。营养液每隔 20 d 更换 1 次。一般定植苗 4～5 周后转入生殖生长，这一时期营养液的浓度要适当调整。

一般适宜马铃薯雾培苗生长的营养液 pH 为 5.5～6.5。在正常 pH 范围内，营养液应是澄清透明的。配制营养液时 pH 控制在 6 左右。pH 可以用硫酸或氢氧化钠加以调整。

5. 供液时间管理

定苗初期：一昼夜喷雾 15 s，停止供液 3 min。

植株生长期（定植 3～7 d）：早上 8 时至晚上 8 时喷雾 20 s，停止供液 5 min；晚上 8 时至翌日早上 8 时喷雾 15 s，停止供液 5 min。

葡萄茎形成期（定植 18～22 d）：早上 8 时至晚上 8 时喷雾 30 s，停止供液 6 min；晚上 8 时至翌日早上 8 时喷雾 20 s，停止供液 8 min。

块茎膨大期（定植 45～55 d）：早上 8 时至晚上 8 时喷雾 45 s，停止供液 7 min；晚上 8 时至翌日早上 8 时喷雾 30 s，停止供液 10 min。

（六）病虫害预防

1. 虫害预防

雾培法生产的脱毒原原种要求在防虫条件下封闭生产，生产中要严格防止病毒再侵染。温室条件下蚜虫、蓟马、螨类、白粉虱等马铃薯病毒传播媒介容易发生。为确保原原种质量，在整个生育期间必须定期（每隔 7～10 d）喷施 1 次杀虫剂（噻虫嗪、啶虫脒、吡虫啉、苦参碱等），预防虫害的发生。

2. 病害预防

雾培马铃薯原原种生产中易发病害主要有早疫病、晚疫病、软腐病等。从育苗成活开始至定植后，每隔 7～12 d 喷施 1 次预防真菌性病害农药（代森锰锌、烯酰吗啉、霜脲·锰锌、甲霜·锰锌、噁霜·锰锌等），不同农药交替施用，防止植株产生抗药性，预防病害的发生。

雾培马铃薯原原种生产中细菌性病害的病原菌可随营养液循环传播病害，主要从块茎的皮孔及匍匐茎的伤口处侵入，传播很快。因此，在营养液中加入 10 mg/L 多抗霉素或链霉素。同时要及时清理植株残体。

（七）收获

1. 适时收获

雾培马铃薯生产的原原种块茎长至 3～5 g 时开始采收。种薯收获分次进行，凡目测达到重量标准的薯块，要及时轻采轻放。尽量减少伤根和碰掉匍匐茎及还未达标准的薯块，碰掉的薯块要随时捡出，以免腐烂后污染营养液。

2. 老化处理

采收后的种薯含水量高，薯皮幼嫩，耐贮性差，要在温室内或散射光条件下经 5～7 d 晾晒老化。

（八）贮藏

1. 质量检测

对雾培生产的原原种进行品种纯度、病毒病、真菌和细菌病害检测，要符合《马铃薯脱毒种薯繁育技术规程》（NY/T 1212—2006）要求。

2. 贮藏

（1）杀菌处理。将经过老化处理的原原种摊开，喷施 0.1％的抑菌剂，自然晾干。

（2）包装。包装采用透气性良好的网袋，每袋 2 000～3 000 粒，按等级和收获期分品种包装，袋内袋外放入标签，注明采收日期、贮藏日期等。

（3）贮存条件。低温贮存，温度为 2～4 ℃，相对湿度 80％～90％。

（4）库房检查。每间隔 2～3 周检查一次贮藏情况，确保种薯安全贮藏。

（九）雾培法生产原原种的优缺点

1. 优点

（1）产量高。 在同一生产周期内，单株产量最高可达 60～80 粒，是椰糠、蛭石基质中原原种单株结薯 2～3 粒的 30～40 倍。

（2）质量好。 该种栽培方式使小块茎在定时喷施营养液的气雾状态下生长，解决了水培法盐类积累产生的毒害作用，也解决了在土壤或蛭石、椰糠等基质栽培方式下的氧气不足问题；定时循环式喷雾不易污染，有效地防止了脱毒小薯受土传病害的侵染，显著地提高了种薯质量。

（3）生产周期短。 由于在温室内实现了工厂化生产，可以不受季节限制生产，一年有 2～4 个生产周期，而且生产出来的小块茎由于体积、质量均较理想，可直接利用的小块茎较多，有利于保存和直接应用于一级原种的生产。

（4）可以人为控制生产条件。 雾培马铃薯植株全株暴露在空气中，可以随时观察根系、匍匐茎的生长发育情况，适时调整营养液配方，控制光照、温度和湿度条件，从而使植株达到最佳生长状态。

（5）有利于控制种薯质量。 雾培马铃薯原原种生产完全在温室封闭环境中，可以有效防止蚜虫引起的病毒再侵染，也降低了人为传毒的可能性，能更好保证原原种的脱毒效果。

（6）节约土地。 雾培马铃薯原原种生产在温室条件进行，不受耕地限制，在耕地少、栽培条件差的地区，采用节能温室即可实现原原种的大量生产。

2. 缺点

（1）生产成本较高。 由于雾培马铃薯原原种栽培设施造价较高，生产时要连续运转喷雾设施，需消耗相当多的电能；营养液需定期更换，费用也较高。所以生产出的马铃薯原原种的单粒价格较高。

（2）生产的原原种容易腐烂。 雾培马铃薯原原种块茎含水量高、表皮薄而幼嫩、皮孔增大，采收、搬运及贮藏过程中容易感染病菌，烂薯现象特别严重。

七、马铃薯脱毒原种繁育

马铃薯脱毒种薯的推广应用，是目前国内外解决马铃薯因病毒侵染导致的品种退化、产量降低、品质下降的最有效措施。脱毒马铃薯网棚扩繁原种就是以脱毒原原种为种源，在人工隔离防蚜和良好的栽培条件下繁育的种薯，是脱毒马铃薯种薯繁育的重要环节（图37）。只有按照科学的技术规程和严格的操作程序进行栽培，才能生产出优质的原种。

（一）原种的质量标准

脱毒马铃薯原种的质量标准是块茎大小适中、均匀，品种纯度99%以上，普通花叶病病株率1%以下，重花叶病病株率1%以下，卷叶病病株率1%以下，类病毒病病株率1%以下，总病毒允许率不能超过1%，真菌和细菌发病率0.1%以下。

（二）种植区域和地块的选择

1. 适宜区域

适宜脱毒马铃薯原种网棚扩繁的区域是海拔高、气候冷凉、昼夜温差大、积温低、无霜期短、生长期内日照时间长、正常年景雾天少、病虫害发生较轻、交通便利的地区。同时，还要选择地势高、风速大、湿润的空旷地，风速大能阻碍蚜虫降落聚集。露地生产海拔应在1 800 m以上，周围500 m内无油菜、马铃薯等作物。较低海拔生产需搭建防虫网棚，具体搭建方法如下。

（1）网棚结构。 原种扩繁网棚要求防蚜虫效果好，棚内空间大，结构稳定，利于田间作业，抗风性强。大规模的网棚扩繁还要求小型农机具能在棚内作业。一般要求棚脊高2.5～3 m，边高1.5 m，跨度8～10 m，棚长60～80 m，每隔2.0～2.5 m设一钢架，不设立柱，纵向3道横杆，连接处用套管和卡簧固定，接地部分插入地下0.8 m。

（2）防虫网的选择。 选用40目的优质防虫网，要求缝扎牢靠，无裂口、破洞。

（3）网棚搭建。 播种后1个月内建设较为适宜，一般在4月底到5月中下旬进行。骨架材料必须固定牢靠，防虫网要拉紧，保持网棚表面平整，四周开沟，埋土密封固定。

2. 地块选择

马铃薯生长需要疏松的土壤，应选择土层深厚、土质疏松、富含有机质、不易积水的沙壤土，并且远离商品薯种植地块。

3. 茬口安排

马铃薯忌重茬，必须要有3年以上的轮作。脱毒马铃薯繁育的前茬以禾本科和豆科作物为好，防止与番茄、辣椒、茄子、白菜、甘蓝、油菜等茄科和十字花科蔬菜连作。

（三）整地施基肥

前茬作物收获后要及时深耕土壤，深度20～25 cm，秋季结合整地深施基肥，每亩施入有机肥2 500～3 000 kg、磷酸氢二铵25 kg、尿素20 kg、硫酸钾 15 kg。地下害虫严重的地块，结合施基肥每亩用 1.5 kg 辛硫磷或阿维菌素与 15 kg 细河沙拌匀，与基肥同时深施。

（四）种薯处理

1. 选种

网棚繁育原种必须选用当年 1 月以前收获，经过 3～4 个月自然休眠期的原原种。保证品种纯度高达 100%。原原种在播种前 10～15 d，出库后先剔除病薯、烂薯。

2. 催芽

采用先高温黑暗、后低温光照的"二段催芽法"进行催芽，即将消毒处理后的原原种在 20 ℃左右温度和黑暗条件下催芽 10～15 d，待幼芽萌动时，移至 15 ℃左右的低温和有散射光条件下 10～15 d，促进形成绿化健壮的幼芽，未发芽的需挑出重新催芽。

3. 拌种

播种前，原原种用拌种剂进行拌种处理，用甲基硫菌灵 100 g＋10%多抗霉素 10 g＋1.5 kg 滑石粉拌马铃薯种薯 150 kg；也可以用 58%代森锰锌 150 g＋70%多菌灵粉剂 100 g＋10%多抗霉素 10 g 拌马铃薯种薯 150 kg。

（五）精细播种

1. 适期播种

当 10 cm 深处地温 10 d 内稳定在 6～8 ℃时即可播种，适当延迟或提早播种可使块茎膨大期避开高温季节。延迟播种应在 5 月下旬至 6 月上旬播种，提早播种应在 4 月上旬播种。

2. 合理密植

原原种的大小差别很大，应分级播种，1.5～3.0 g 的原原种适宜的播种密度为每亩播 4 500～5 000 株，3 g 以上的原原种适宜的播种密度为每亩播 3 600 株。早熟品种应适当密植，亩播 5 000～6 000 株。晚熟品种适当稀植，亩播 3 600～4 000 株。

3. 种植方式

实行等行距或宽窄行种植。等行距种植行距 60 cm，株距 28～32 cm；宽窄行种植宽行 70～75 cm，窄行 25～30 cm，株距 15～21 cm。人工点播，播种深度为 5～10 cm，结合播种开沟，集中施用种肥。

（六）田间管理

1. 查苗补苗

出苗后要查苗补苗，对缺苗严重的地块及时补播，以保证全苗。

2. 中耕除草

苗出齐后尽早锄草 1 次，结合锄草深松土壤。现蕾期结合培土清除田间杂草。生长后期根据情况再锄草 1 次。

3. 提早培土

应在现蕾期进行。等行距种植从垄沟中取土；宽窄行种植从宽行中取土，培放在窄行垄面上，形成 15～20 cm 高的栽培垄。在保护好下部叶片的前提下，植株周围要多培土。

4. 水肥管理

（1）浇水。浇水应根据降水情况灵活掌握，正常情况下，应在现蕾期、盛花期和终花期各浇水 1 次，灌水量不能过大，防止积水，有条件的应采用喷灌、滴灌等先进节水灌溉技术。

（2）追肥。结合培土每亩施尿素 8 kg，防止植株早衰，促进结薯。

5. 病虫害防治

（1）虫害防治。主要是防治蚜虫，播种后尽早覆盖防虫网，苗出齐后，棚内喷施 1～2 次啶虫脒，现蕾期至盛花期喷施 1～3 次抗蚜威、啶虫脒或吡虫啉，以后个别棚内出现蚜虫危害，应及时喷药防治。

（2）病害防治。以晚疫病为主的真菌性病害，在盛花期、终花期和块茎膨大期各喷施 1 次杀菌剂，药剂选用烯酰吗啉、甲霜·锰锌、代森锰锌、霜脲·锰锌等。在连续阴雨及空气湿度大的时候，晚疫病容易大流行，要以烯酰吗啉、霜脲·锰锌为主，并与其他药剂交替或混合防治。细菌性病害用链霉素防治，参考使用说明书，与防治真菌性病害结合进行。

（七）收获与贮藏

1. 提早收获

植株中下部叶片变黄时，提早进行人工割秧或喷洒 0.1％～0.2％硫酸铜溶液，杀死地上部分。防止地上部病菌侵入块茎，割秧后 10～15 d 收获，以促进薯皮老化。收获时要尽量减少破薯、烂薯，防止薯皮受损。

2. 贮藏

（1）贮藏库（窖）的消毒。原种入库前，要对贮藏库进行一次清扫，然后用煤酚皂溶液喷雾或用百菌清烟剂、硫黄熏蒸消毒。

（2）种薯预冷。种薯收获后带有大量的田间热，应在库外预冷一夜后于第

2 天早上入库，窖藏库房晚间要打开通风，防止库温升高。

（3）贮藏库的管理。 入库后前期库温高，湿度大，以降温排湿为主，加大夜间通风量；贮藏中期正值寒冬，以保温增温为主，防止种薯受冻；贮藏后期以降温保湿为主，防止种薯提早发芽和失水。贮藏期间要定期进行检查，清除病薯、烂薯（图 38）。

八、马铃薯一、二级脱毒良种繁育

马铃薯一、二级脱毒良种具有纯度高、病害轻、产量高等特点。一、二级良种应用于生产，可比常规种薯增产 30％以上。因此，在马铃薯一、二级良种生产中要选择优质种薯，规范操作，严格种薯质量控制技术，确保生产出优质的马铃薯一、二级脱毒良种（图 39a，图 39b）。

（一）选茬选地

马铃薯一、二级良种繁育适合与禾谷类作物轮作，前茬以小麦、谷子、玉米等作物为好，其次是胡麻、油菜等，切忌同茄科作物重茬、迎茬。要选择地势高、土壤疏松肥沃、土层深厚、易于排灌的地块种植生产马铃薯一、二级良种。

（二）整地施肥

夏秋作物收获后进行深耕，耕深 20～25 cm，耕后耙糖平整，让土壤层疏松多孔。春季播前结合浅耕一次性亩施入腐熟有机肥 1 000～1 500 kg 或者施入商品有机肥 50～150 kg、尿素 15～20 kg、磷酸氢二铵 20～25 kg 作为基肥，同时亩用 50％辛硫磷乳油 0.4 kg，拌成毒土，撒于地表，随翻耕施到土壤层以下，以防治地下害虫。

（三）播种

1. 种薯处理

播种前 15～20 d 打开窖门，取出种薯，挑选无腐烂、薯形好的薯块，10～15 ℃温度下催芽。

2. 切块

切块时准备 2 把切刀和一盆 75％酒精或 0.5％高锰酸钾消毒液。每把切刀约切 25 kg 种薯换一把刀，如果切到带病的薯块，应立即将带病薯块挑拣出来，同时将切刀放回消毒液中浸泡消毒，交替使用。切块时要根据种薯的大小和芽眼的多少，每个种薯块带 1～2 个芽眼、重 20～40 g，晾干，待伤口自然愈合后播种。

3. 播种适期

当地晚霜期前20～30 d，或当地气温稳定超过6 ℃的时期，就是适宜的播期。北方地区一般在4月中旬到5月上旬播种为宜。

4. 播种密度

旱薄地以2 800～3 200株/亩为宜，水浇地以4 000～4 500株/亩为宜。

5. 播种方式

马铃薯良种生产的栽培方式有垄作栽培和平作栽培，有露地栽培和地膜覆盖栽培等方式。垄作栽培分高垄栽培和低垄栽培、大垄双行和单垄单行等模式。地膜覆盖分白膜覆盖、黑膜覆盖和黑白膜覆盖。选用黑色地膜，能够充分利用黑色地膜保水、保肥、抑制杂草、透光度低、辐射热量少的特点，有利于对土温要求不高的马铃薯的生长。

（1）马铃薯黑膜覆盖垄上微沟栽培技术。 在西北旱作马铃薯区，选择幅宽90 cm或120 cm、厚度为0.008～0.010mm的黑色地膜，采用机械（一体机）起垄或人工起垄覆膜。总幅宽120 cm，垄面宽75 cm，垄沟宽45 cm，垄高15 cm，垄上微沟深10 cm，垄面呈M形。若采用幅宽90 cm黑色地膜，只覆盖垄面；若采用幅宽120 cm黑色地膜，垄面、垄上微沟全覆盖。每隔3 m在垄上打一条土带，每隔50 cm在垄上微沟和全覆盖垄沟内分别打渗水孔。机械（一体机）起垄、覆膜、打带、打孔一次完成。人工起垄、覆膜完成后立即沿垄面向微沟里抛撒少量土壤，形成压膜土带，压住地膜，防止大风吹掉地膜（图40）。

（2）马铃薯膜下滴灌播种技术。 马铃薯膜下滴灌技术是针对我国干旱地区缺水少雨、集约化程度低的生产实际，在推广马铃薯地膜覆盖栽培技术和马铃薯喷灌技术的基础上，在马铃薯种植上示范推广应用的新技术。

马铃薯膜下滴灌播种采用垄作，多采用双行播种机，行距110～120 cm，开沟、播种、覆土、铺滴灌管、覆膜一次性完成。播后灌溉要根据土壤墒情进行，使土壤田间持水量保持在60%～80%（图41）。

（3）小垄单行种植模式。 在西北高寒阴湿马铃薯区采用小垄单行种植，垄距60～70 cm，垄高20～25 cm。可露地栽培，也可地膜覆盖栽培。

（四）田间管理

1. 覆土促齐苗

机播地膜覆盖栽培马铃薯出苗前5～10 d要及时在地膜上覆盖5 cm出苗薄土，有利于齐苗，防止因高温烧苗而造成缺苗断垄。

2. 拔除病杂株

幼苗期及时拔除个别退化植株，花期拔除杂株。

3. 适时追肥

结合第 1 次中耕培土进行，亩追施尿素等速效氮肥 5～8 kg。

4. 及时灌溉

有灌溉条件的地块，在现蕾到初花期，可视天气和墒情灌水，灌水后等表土轻微干燥时，要及时铲地松土。

（五）病虫防治

1. 防治蚜虫

在蚜虫迁飞高峰期，即在苗期到盛花期，间隔 7～10 d 防治蚜虫，2 次。中部地区在 6 月上旬和下旬各进行 1 次，一般用 5%啶虫脒、10%吡虫啉等效果较好。

2. 防治晚疫病

北方地区 7 月上旬要注意预防晚疫病，在连阴雨到来之前应用保护剂70%代森锰锌 500～800 倍液喷雾预防，然后每间隔 10～15 d 用 72%烯酰吗啉、霜脲·锰锌等 600～800 倍液喷雾预防，控制病害发展。

（六）提早收获

马铃薯一、二级良种繁育一般当植株达到生理成熟期，即大部分茎叶枯黄、块茎易与植株脱离而停止膨大时即可收获。收获前 1 周左右割掉茎叶并运出田间，以减少块茎感病和达到晒地的目的。

选晴天收获，减少块茎的机械损伤，剔除病薯、腐烂薯块和破损薯块，严防块茎在收获时或收获后淋雨、受冻。在通风阴凉处晾置 2～4 d，至马铃薯表皮干燥后进行分级包装贮藏。

马铃薯种薯种苗质量控制技术

一、马铃薯种薯种苗质量控制技术体系

马铃薯脱毒种薯生产地区必须建立完善的马铃薯种薯质量控制技术体系，各级农业行政主管部门要依据国家法律法规和有关标准，健全马铃薯种薯质量安全检验检测技术标准和执法体系。马铃薯种薯质量控制技术体系在马铃薯种薯质量安全评价、农业行政执法、农村市场监管和种薯种苗贸易等方面担负着重要的技术保障作用。对农业产业结构调整，农产品的质量提升，农产品的安全消费和增强农产品的市场竞争力，都具有重要的技术支撑作用。目前我国大部分地区马铃薯脱毒种薯种苗质量控制技术体系尚未健全，存在着监督检测机构不完善、技术人员薄弱、检测手段落后、经费投入不足等制约因素，难以适应国内外马铃薯种薯种苗贸易中对质量安全控制工作的需要，严重地影响着马铃薯的质量安全水平的提高。对此，各级农业行政主管部门，要充分认识严格马铃薯种薯种苗质量安全控制技术体系建设的重要性，将马铃薯质量控制体系建设作为马铃薯产业发展的首要工作来抓，使我国马铃薯脱毒种薯种苗质量控制技术水平迅速提高，保证我国马铃薯产业健康持续发展。

（一）建立马铃薯种薯种苗质量控制技术体系

马铃薯种薯的质量控制是马铃薯种薯生产过程中最重要的环节。建立马铃薯种薯质量控制体系要坚持以全面提高马铃薯种薯生产质量安全水平为核心，依据法律法规和技术标准，制定种薯生产、检测、监督和认证体系，合理布局种薯生产区域，应用科学、合理、完善的生产管理手段和先进实用的检验检测技术，监督马铃薯种薯质量，实行种薯产品合格证制度，实现对马铃薯种薯生产全过程质量控制监督管理的需要。

1. 种薯种苗质量控制监督管理体系

国家和各级地方政府的农业行政部门是马铃薯种薯质量控制监督管理体系的主管部门。要采取多种方式加强对马铃薯种薯种苗生产质量的监督力度，要对生产单位的人员资质、检测工作及相关制度的落实、种薯种苗生产的隔离条

件、环境条件田间管理技术等进行不定期的检查。对不按照马铃薯脱毒种薯种苗繁育技术规程操作管理，生产的种薯种苗质量不符合国家标准的单位要进行严厉的处罚，甚至吊销其经营生产许可证。以严格的制度规范马铃薯脱毒种薯种苗生产，不断提高马铃薯脱毒种薯种苗生产能力和质量，推进马铃薯产业规范化发展。

2. 种薯种苗质量控制监督管理的基本原则

(1) 源头控制原则。 马铃薯脱毒生产，源头种薯种苗质量的优劣是关键。只有使用符合国家标准的马铃薯脱毒种薯种苗，才能生产出优质的脱毒种薯和商品薯。因此，在马铃薯脱毒种薯或种苗的繁育生产中，要选择经过检测的、不带病毒、符合国家标准的组培苗或原原种、原种、一级良种、二级良种。严防使用劣质种薯或种苗繁育种薯。

(2) 环境优化原则。 马铃薯脱毒组培苗的快繁生产车间要洁净，定期定时对组培室进行消毒处理。快繁生产时接种人员操作要规范。接种前要用 75% 酒精对母苗瓶体、超净工作台、工具及接种人员双手进行消毒处理。不同品种转接要独立操作，一个品种转接完成后，要对超净工作台、剪刀、镊子进行消毒灭菌处理，严防病毒、细菌病害的交叉感染，确保生产的种苗质量安全。

原原种生产要在温室或防虫网棚中进行。生产时温室或网棚要覆盖 40 目的防虫网，严防蚜虫及其他昆虫侵入。接地繁殖的要对土壤进行消毒杀虫处理，用地布将土壤与基质隔开，减少土壤中病菌对马铃薯植株的侵染，确保生产的原原种不带病毒和真菌、细菌病害。

原种和良种的生产要选择海拔较高、冷凉、蚜虫少、土壤疏松、排水良好、交通方便、周围 500 m 没有油菜等十字花科的作物种植的区域，优化田间管理，生产出优质种薯。

(3) 程序化管理原则。 在马铃薯脱毒种薯或种苗生产过程中，要定时进行生产环境消毒处理。在马铃薯生长发育的不同时期严格按照《马铃薯种薯》(GB 18133—2012) 标准进行种薯拌种处理和病虫害的预防及防治。做到程序化管理。

(4) 强化监督原则。 各级政府的农业主管部门要建立健全马铃薯种薯质量监督检验检测体系。建立对马铃薯种薯繁育的种薯种苗生产进行不定期抽查的检测制度，结合企业内部自检自查，监督种薯繁育企业规范生产，推动马铃薯种薯产业健康发展。

(二) 种薯种苗质量控制监督管理措施的落实

各级政府的农业行政管理部门，要根据当地马铃薯产业的发展和生产区域的分布情况制订本地区马铃薯产业发展规划，设立马铃薯质量监督检测机构，建立和完善省区市各级马铃薯产品质量安全监督检验检测中心。鼓励有条件的马铃薯种薯种苗生产单位和种薯生产大县建立马铃薯质量快速检测点，对马铃薯生产过程进行抽查监督，确保生产高质量种薯种苗。

1. 马铃薯种薯种苗质量监督管理单位的职责与任务

负责所辖区域的马铃薯种薯种苗质量安全普查工作；负责马铃薯种薯种苗检验检测技术的研发和标准的制定与修订；负责马铃薯种薯种苗市场准入检验、产地认证检验和质量安全评价鉴定检验；开展马铃薯种薯种苗质量安全技术指导和技术培训，以及种薯种苗质量对比分析研究与合作交流；指导脱毒马铃薯种薯生产基地和批发市场开展检验工作；负责脱毒马铃薯种薯质量安全监督检验的抽样和生产过程的日常监督检验；对马铃薯种薯质量安全方面重大事故、纠纷的调查、鉴定和评价；负责马铃薯种薯质量安全认证检验和仲裁检验；负责脱毒马铃薯种薯质量安全方面的技术咨询和技术服务。

2. 马铃薯种薯种苗质量检测单位的职责、任务与检测流程

（1）主要职责与任务。 接受种薯种苗生产、管理单位的委托检验、监督检验、抽查检验和仲裁检验；承担地方部门指定的脱毒马铃薯种薯种苗质量监督检验和优质马铃薯产品的评选、复选、跟踪检验；受各级地方管理部门的委托，对实施证书管理（如生产许可证、质量认证、进出口登记、推广许可证、产品登记等）的脱毒马铃薯种薯种苗进行检验；承担马铃薯种薯种苗质量考核检验和分等分级检验工作；承担有关马铃薯脱毒种薯种苗质量的仲裁检验。

（2）检测流程。

送检样品的接收：样品管理人员依据有关制度对来样进行验收、登记，要注明样品名称、品种、产品级别、送样单位、送样人、送样时间、联系方式、检测项目等信息，然后对样品进行整理编号，将样品分成正样和副样，然后送到样品室，按要求将样品分类保存。仲裁检验的样品要在接待室当着送样人的面现场分样，将少量样品封存备鉴，若双方对检测结果有争议，可将封存的样品取出，再次进行检测。

样品的制备和分发：首先由样品管理人员填写任务通知单，并与原始记录一同下发给检测室主任。检测室主任根据任务通知单制订检测实施方案。经技术负责人签字批准后，将检测任务下达给相应的检测人员，再由检测室主任拿任务通知单到样品室填写样品传递单、领取样品。

样品检测：检验人员根据被检项目的标准检测方法进行检测，如实填写原始记录，根据有关标准对检测数据进行处理签字，并对出具的检测数据负责。

检测报告的审核：检测人员要对原始记录和检测结果进行校核、签字，然后交检测室主任审核、签字，交中心办公室汇总，经制表人审核后，打印检验报告。中心办公室主任对检验报告审核、签字，并交中心技术负责人审核批准签发。

检测报告的签发：检验报告一式两份（分正本、副本），经编制、审核、批准签发后加盖质量检测中心印章（包括骑缝章），正本发送到被检测单位，副本连同原始记录一并存档。发送和登记手续由中心办公室负责。

检测结果出现异议的处理：如果用户对检验报告提出书面异议，由中心办公室负责接待，质量保证负责人组织有关检测人员对检测的全过程进行复查，确需复检的，用备存样进行复检。

(3) 检测遵循的原则。

检测人员的不变性：各检测项目的检测人员经培训，考核合格后，选择两名上岗人员持证上岗。为防止检测人员超范围检测，严禁不同检测项目的上岗人员互换。同一检测项目若没有两名上岗人员检测或该项目无持证上岗人员代替检测，出具的检测结果将被确定无效和违章。

检测过程中的可重复性：重复性是指在相同检测条件下，对同一被检验样品进行多次检测所得结果之间的一致性。为确保检测过程的可重复性，要求各检测项目必须在规定的检测室内由该项目上岗人员应用规定的检测程序，在所应用的仪器设备状态及其环境条件符合规定的条件下进行检测。同时必须做好记录。记录项目必须全面、真实，保证在该条件下可能得到相同的检测结果。

确保检测过程的独立性：必须保证检测人员在检测过程的独立性，不受外界社会因素的干扰，保证所出结果的公正性。同时，同一检测项目两名上岗人员独立进行检测，不得互相参照和抄袭，以保证检测结果的准确性。

保持检测项目环境的一致性：对各检测项目的环境要求是经过检验证实的能确保该检测项目顺利进行，并保证结果科学、准确的必备条件，因此，在检测过程中一定要保持检测环境条件与规定环境条件的一致性。

检测事故处理的严肃性：本着对客户负责、服务客户的精神，当出现检测事故时，如样品、检验报告、检测过程出现失误，数据失真，涂改，伪造检测数据，毁坏仪器设备，发生安全事故等，一定要严肃处理。首先，立即采取有效措施，防止事故扩大，并成立专门的调查小组。其次，要求责任人及其主要领导写出事故报告，内容包括事故发生的原因、经过、性质、造成的损失和影响、责任分析、处理意见、今后的改进措施和建议等，事故责任人写出书面检查。最后，对事故发生后弄虚作假，推脱不报，隐瞒真实者，从严处理。由调查小组根据事故性质和后果提出处理意见，并将有关材料存档。

（三）马铃薯种薯种苗质量控制体系的管理

1. 马铃薯种薯种苗质量检验检测机构的管理

马铃薯种薯种苗质量检验检测机构的人员组成、管理制度、仪器设备、环境、检测技术和检验报告等均应符合授权机构的认可和计量认证要求。马铃薯种薯种苗质量检测中心主任的任免，要报质量管理单位备案。各级质量检测中心由上至下形成逐级业务指导关系。

2. 人员培训和考核

各级马铃薯质量控制管理部门要对所辖区域的马铃薯种薯种苗质量检测中心人员进行以下法律法规和相关技术培训、考核。

（1）国家和地方相关法律法规，例如《中华人民共和国种子法》《中华人民共和国农产品质量安全法》和地方政府的《马铃薯生产管理条例》等。

（2）国家和地方脱毒马铃薯种薯相关标准、操作规程，例如国家标准《马铃薯种薯》（GB 18133—2012），《马铃薯种薯产地检疫规程》（GB 7331—2003）等。

（3）马铃薯种薯田间检验项目及检验技术。

（4）马铃薯种薯种苗室内检测项目及检验技术。

（5）马铃薯种薯种苗其他相关的专业技术。

3. 质量控制体系的监督

国家和各级地方政府的农业行政主管部门是马铃薯种薯质量控制体系的监督部门。要对质量检测机构的人员资质、检测工作及相关制度的落实，仪器设备性能检验报告的出示以及机构布局、隔离条件和环境条件等进行不定期的监督，加大监督力度，规范质量检测中心的职业行为，不断提高检测水平和能力，完成各项质检任务。

马铃薯种薯质量检测机构一般是公益性的非营利性的技术监督机构。各级农业行政主管部门，要积极争取财政部、科学技术部等部门的大力支持，不断完善机构，充实人员，完善仪器设备，根据不同时期的特点给予政策上的倾斜，以保证各级质检中心不断发展壮大，为马铃薯产业发展提供技术支撑。

二、马铃薯脱毒种薯质量认证

马铃薯种薯种苗质量的安全管理主要是通过种薯种苗质量认证来实现。必须加强对种薯产品产地环境，种薯生产、贮藏、保鲜过程和市场准入过程的监控和认证。申请种薯种苗认证的单位和个人，可通过省市农业行政主管部门向质量技术监督部门，或直接向国家或省市马铃薯种薯质量监督检验机构申请质量认证，并提交以下材料：马铃薯种薯种苗认证申请书；马铃薯种薯种苗产地认定证书（复印件）；马铃薯种薯种苗产地环境检验报告和环境评价报告；马铃薯种薯种苗产地区域范围、生产规模；马铃薯种薯种苗生产计划；马铃薯种薯种苗质量控制技术措施；马铃薯种薯种苗生产操作规程；马铃薯种薯种苗生产专业技术人员资质证明；马铃薯种薯种苗生产过程的记录档案；要求提交的其他有关文件。

质检部门或种子生产管理部门收到上述资料后，对产地环境进行检查，出具"产地检疫合格证"。对申请种薯种苗认证的单位和个人生产的种薯种苗的质量进行检验，出具"检验报告"，并签发"质量检验合格证"。申请者持"产地检疫合格证"和"质量检验合格证"，申请办理"马铃薯种薯种苗生产许可证""马铃薯种薯种苗经营许可证"。

（一）马铃薯种薯种苗生产资格认证

各级政府的农业行政主管部门、环保等部门，要严格加强种薯种苗产地环境的管理，依据种薯种苗产地环境标准，开展种薯种苗重点生产基地环境监测，采取切实有效的措施防止种薯种苗生产的生态环境降低，保证种薯种苗产地环境符合要求，从源头上把好种薯种苗质量安全关。

1. 马铃薯种薯种苗生产资格的申请

申请马铃薯种薯种苗产地认证的单位和个人，要向种薯种苗生产所在地县级农业行政主管部门提出申请；县级农业行政主管部门初审后，上报省级农业行政主管部门；省级农业行政主管部门自收到有关材料后，委托有关质检机构对其产地环境进行检验，受委托的马铃薯种薯质量监督检验检测机构到达现场后，要求申请人领取并如实填写"产地检疫申报表"。

2. 马铃薯种薯种苗生产资格的认证

各地被正式授权的马铃薯种薯种苗质检部门在接到种薯生产单位或个人的"产地检疫申报表"后，要在半个月内根据"产地检疫申报表"相关项目进行实地勘查，并依据《马铃薯种薯产地检疫规程》相关规定，对种薯种苗生产单位或个人的种薯种苗生产资格进行审核，审核合格的签发"产地检疫合格证"，并报上级质检部门存档备案。审核不合格的驳回申请。

3. 马铃薯种薯种苗生产资格的审批

马铃薯种薯种苗生产单位或个人凭种薯种苗质检部门签发的"产地检疫合格证"，到当地种子管理部门申请"马铃薯种薯种苗生产许可证"，当地种子管理部门根据质检部门的审核结果，并结合当地马铃薯种薯种苗生产的综合布局和统一规划，在半个月内对种薯生产单位或个人的马铃薯种薯种苗生产资格进行审批。审批通过后授权进行马铃薯种薯种苗生产，并签发"马铃薯种薯种苗生产许可证"，同时报上级种子管理部门存档备案。审批不通过的应给予具体意见和建议。

在马铃薯种薯种苗生产条件方面，要符合种薯种苗生产技术标准要求，有相应的专业技术和管理人员参与生产、管理，有完善的质量控制措施和完整的生产记录档案。在对产地和生产条件的执法管理过程中，各级农业行政主管部门与马铃薯种薯种苗质量监督检验机构要相互配合，共同对生产过程进行执法和监督管理，以保证种薯的质量安全。

（二）马铃薯种薯种苗生产的质量认证

在马铃薯种薯繁育体系中，最终目的是要获得优质种薯。所以从种苗的快繁到各级种薯的播种、再到收获直至贮藏整个过程，应选择适宜的马铃薯种薯种苗生产环境，应用相应技术措施保证种薯种苗的生产质量，基层质检部门还应实行种薯种苗繁育体系全程跟踪监督，并形成相应的书面的种薯种苗质量认证资料。这些资料将作为地方种子管理部门签发种薯种苗质量认证标签的客观依据。

1. 组培苗快繁生产检验

使用脱毒组培苗扩繁前，应将基础苗送至当地质检部门进行检验，当地质检部门将依据现行的国家标准《马铃薯种薯》（GB 18133—2012）中脱毒苗的质量要求对受检样品进行检测，并出具"室内检验报告"。检测合格的种苗才能快繁生产。定植繁育原原种时也要对组培快繁苗进行检测，确保符合马铃薯种薯质量标准的种苗用于生产原原种。

2. 种薯播种前检验

马铃薯原种和良种的生产单位或个人，要在播种前通知当地质检部门对即将播种的种薯进行检验，当地质检部门将依据国家标准《马铃薯种薯》（GB 18133—2012）中的各级种薯块茎检验的不同质量标准对抽检样品进行检验，根据检验结果出具"室内检验报告"。检验结果的技术指标与所申报的种薯级别相符的，可作为种薯生产材料并签发"质量检验合格证"；对于检测结果的技术指标与所申报的种薯级别不符的，作降级处理或者直接淘汰。

3. 种薯生产田的检验

马铃薯种薯生产过程的质量保证关键时期应该是生育期。一般马铃薯生育期（出苗至成熟）在 60～120 d。大田马铃薯生产期间，植株完全暴露在自然环境中，由于管理不善或其他气候因素，健康的马铃薯植株就会再次感染病毒和真菌、细菌等病害。所以在马铃薯生育期间要加强管理，及时预防病虫害，种薯生产单位或个人要对种薯生产田进行自检。当地质检部门要在盛花期对各级种薯田进行田间检验，并对检验结果符合国家标准的出具田间检验报告。对检验结果不符合国家标准的种薯田，责令生产单位或个人对种薯作降级处理或作为商品薯。

4. 种薯收获期的块茎检验

马铃薯种薯生产单位或个人在种薯收获后，先对种薯进行仔细挑选并充分晾晒，在销售或贮藏前应及时联系当地质检部门进行块茎检验，当地质检部门依据国家标准对各级种薯块茎抽样进行检验，根据检验结果出具室内检验报告。对符合种薯标准的，签发种薯质量检验合格证；对于检验结果不符合种薯标准的，应责令生产单位或个人对块茎作降级降代处理或者淘汰。

5. 种薯合格证的签发

马铃薯种薯生产单位或个人在种薯销售或窖贮前应持前3次检验的检验报告和种薯质量检验合格证，到当地种子管理部门申请种薯合格证标签。当地种子管理部门根据质检部门的检验报告和种薯质量检验合格证签发种薯合格证标签。只有带有种薯合格证标签的种薯才能进行销售和下一季生产。违规者将按照相关法律法规进行处理。

三、马铃薯种薯种苗质量的监督与管理

（一）马铃薯种薯种苗生产许可证的发放

马铃薯种薯种苗的生产实行许可证制度。马铃薯脱毒组培苗、基础种薯（原原种、原种）生产许可证，由生产经营所在地的省级农业行政主管部门审核发放；合格种薯（一、二级种薯）生产许可证，由生产所在地县级农业行政主管部门审核发放。申请领取马铃薯种薯种苗生产许可证的单位或个人，应当具备下列条件：具有马铃薯种薯种苗生产相适应的流动资金；拥有马铃薯组培苗快繁生产的仪器设备及固定生产设施；拥有马铃薯病毒病检测设备；具有繁育种薯的隔离基地和培育条件；具有无检疫性病虫害的种薯生产地点；具有与种薯生产相适应的检验设施及质量控制体系；具有马铃薯种薯生产和质量检测技术人员；具有必要的贮藏设施，包括能满足种薯贮藏的地窖、恒温库或气调贮藏库等；具有法律法规规定的其他条件。

（二）马铃薯种薯种苗经营许可证的发放

马铃薯种薯种苗经营实行许可证制度。种薯种苗经营者在取得马铃薯种薯种苗经营许可证后，方可凭种薯种苗经营许可证向工商行政管理机关申请办理营业执照。马铃薯种薯种苗经营许可证，由申请者提出申请报县级农业行政主管部门审核，省级农业行政主管部门签发。

申请领取马铃薯种薯种苗经营许可证的单位和个人应当具备下列条件：拥有与经营种薯种苗相适应的资金及独立承担民事责任的能力；拥有自己选育的马铃薯新品种（拥有品种权）或授权转让的马铃薯品种；拥有能够正确识别自己所经营的种薯种苗的专业技术人员；拥有检验种薯质量、掌握种薯贮藏的技术人员；拥有与繁育马铃薯种薯种苗的种类、数量相适应的营业场所及加工、包装、贮藏场所和检验种薯种苗质量的仪器设备；具有法律法规规定的其他条件。

（三）马铃薯种薯种苗合格证标签的管理

销售的种薯种苗应当附有种薯种苗合格证标签。合格证标签应当标明种薯种苗类别、品种名称、产地、质量指标、净含量、检疫证明编号、种薯种苗生产及经营许可证编号或进口审批文号、生产年月、生产商名称、生产商地址及联系方式等事项。合格证标签标注的内容应当与销售的种子相符。

（1）种薯包装。 用于销售的马铃薯种薯，必须按有关规定进行包装。

（2）种薯标签。 用大小统一、具有足够强度、在流通环节中不易变得模糊或脱落的印刷品材料制作。标签在种薯袋内装 1 个，袋口外挂 1 个。种薯质量指标项目应标注病毒状况和扩繁代数；一、二级种除了以上质量指标外还需标明各种病害和缺陷、冻伤等指标。

（3）不合格种薯的处理。 获得专用标签的马铃薯种薯，经监督抽查，不符合有关种薯质量标准或标签标注内容的，由所在省市县级种子管理站责令其停止生产或经营，并限期召回已售出的不合格种薯。

（四）马铃薯种薯种苗生产经营的管理

马铃薯种薯种苗生产单位或个人在开展马铃薯种薯种苗生产前，首先要申请并取得马铃薯种薯种苗生产许可证，在马铃薯种薯种苗生产过程中要接受和配合当地种薯质检部门的 3 次检验，持有 3 次检验的马铃薯种薯种苗检验报告和马铃薯种薯种苗质量检验合格证，才能到当地种子管理部门申请领取种薯合格证标签。马铃薯种薯种苗生产单位或个人为了使自己生产出的种薯种苗能够进入市场流通，还必须申请马铃薯种薯种苗经营许可证，只有具备了"两证一签"的种薯生产单位或个人，才能进行马铃薯种薯的合法经营。

1. 生产基地管理

（1）马铃薯种薯种苗的生产、贮藏和标签标注等过程应严格执行现有的国家标准或行业标准、地方标准。

（2）种薯种苗生产实行基地认定管理。种薯生产企业除具有必需的生产经营资质外，还要保证四有条件：即自己有基地、生产有技术、贮藏有设施、检测有手段。

（3）种薯种苗生产者应当建立生产档案，载明生产地点、生产地块环境、前茬作物、上一级种薯来源和质量情况、田间管理情况、室内检测和田间检验记录等内容。

（4）种薯种苗生产单位或个人在种薯生产前 1 个月应当向所在地县区级种

子管理站提交产地检疫合格证及种源（提交种源相关材料）、品种、种薯种苗级别等信息。

（5）种薯种苗生产申请材料经审查符合要求的，当地种子管理站可以根据需要指派田间检验员对种苗生产组培室、种薯生产田、种薯来源、质量控制措施、标准和技术规范的执行情况等进行田间现场检查。

（6）对种苗生产组培室和种薯生产田间现场检查符合要求的，当地种子管理机构应当通知申请人委托检测机构扦取种薯样品进行检测。检测结果符合要求的由种子管理机构颁发种薯生产基地证书。

（7）种子管理机构应当加强对当地种薯种苗生产企业的各个生产环节进行检查和监督，督促企业抓好关键措施的落实和收获后的种薯委托检验工作，并适时向社会公布生产企业及生产基地名单和诚信记录。

2. 质量检测管理

马铃薯种薯种苗质量检测由当地省市种子管理部门制订抽查方案，统一组织实施。

（1）种薯（苗）级别。分为脱毒苗、原原种、原种、一级种、二级种5个类别。

（2）检测项目。《马铃薯种薯》（GB 18133—2012）限定的非检疫性有害生物和检疫性有害生物。

（3）检测方法。执行《马铃薯种薯》（GB 18133—2012）和《脱毒马铃薯种薯（苗）病毒检测技术规程》（NY/T 401—2000）的规定。

（4）检测机构。脱毒苗和种薯块茎检测由省市级种子管理部门委托有检验检测资质的机构具体实施。

（5）检测类别。分例行检测和目标检测两种类型。

例行检测是每年在规定期限内对辖区内所有种薯企业生产的脱毒苗、各级种薯按比例抽样检测，目的是全面掌握辖区内所有种薯的质量状况，达到正确指导大田生产的目的。

目标检测是根据需要有针对性地对种薯生产企业或其他生产单位生产的脱毒苗、种薯所进行的检测，目的是验证检测目标的真实性。

（6）检测（验）程序。分为田间检验、收获后检测和出库前检测。

田间检验：应在现蕾期和盛花后期各进行一次，侧重于品种混杂、病虫害调查等。检验合格的由省市县区种子管理机构出具田间检验合格证明，不合格的可申请复检，复检后还不合格的采取降级处理或淘汰。

收获后检测：主要是侧重于病毒病、类病毒病等，通过实验室检测，掌握生育后期病毒对块茎的感染情况。

出库前检测：各级别脱毒种薯在出库前都要进行检测，严格剔除病薯、烂薯和伤薯。出库装袋期间企业检验员每天都要到库房进行随机抽样检测，并由县区种子管理机构抽查检测结果。

（7）检测机构完成检测任务后，及时出具种薯检验报告，为市场监管提供依据。

3. 生产经营档案管理

种薯种苗生产和经营企业必须按照《种子法》有关规定，建立种薯生产档案和经营档案，保管期限不少于两年。县区种子管理站负责辖区内所有种薯种苗企业生产档案和经营档案的监督管理工作，培训和指导企业建立规范的马铃薯种薯种苗生产档案、经营档案。

（1）种薯种苗生产档案。 脱毒组培苗快繁必须记载病毒检测日期及结果、繁殖代数；种薯生产必须载明生产地点、生产地块环境、前茬作物、种薯来源和质量、技术负责人、田间检验记录、产地气象记录、种薯流向等内容。

（2）种薯经营档案。 必须载明种薯来源、加工、贮藏、运输和质量检测各环节的简要说明及责任人、销售去向等内容。

（五）马铃薯种薯种苗质量监督管理

1. 质量监督的依据

《种子法》《农作物种子生产经营许可管理办法》《马铃薯种薯》（GB 18133—2012），《马铃薯脱毒种薯级别与检验规程》（GB/T 29377—2012），《马铃薯种薯产地检疫规程》（GB 7331—2003）。

2. 质量监督的内容

各级农业行政主管部门、马铃薯种薯种苗生产经营质量监督检验检疫部门、认证认可监督部门，根据职责分工，依法对马铃薯种薯的生产、销售进行监督管理。查阅马铃薯种薯种苗生产者的生产档案及销售者的档案材料；对种薯产地认定、种苗生产环境进行监督；对种薯种苗认证机构的认证工作进行监督；对种薯种苗的质量检测机构的检测工作进行检查；对种薯种苗经营场所进行检查。

3. 质量认定

（1）种薯种苗级别确定。 省市种子管理部门将《马铃薯种薯》（GB 18133—2012）对检疫性有害生物、非检疫性有害生物和其他检测项目应符合的最低要求和满足田间检测（验）最低质量要求作为定级依据，参考田间检验结果，以种薯繁殖代数为主要指标，综合判定种薯应达到的级别。定级结果将作为评价企业的总体等级、享受优惠政策等扶持政策的依据，并向社会公布检验结果。

（2）降级处理。 检验参数任何一项达不到该级别种薯质量要求的，降到与检测结果相对应的质量指标的种薯级别，达不到最低一级别种薯质量指标的作为商品薯或淘汰处理。

（3）种薯种苗质量标签认定证书。种子管理机构根据生产者申报的脱毒种薯类别、数量和批次，对照田间检验报告、收获后检测报告、出库前检测报告，对经检验合格达到质量要求的种薯批，颁发质量标签认定证书。

四、马铃薯种薯种苗生产质量控制技术

（一）马铃薯脱毒组培苗快繁质量控制技术

马铃薯脱毒组培苗快繁生产是在无菌条件下，将离体组织扦插在培养基上，给予适当的培养条件，使其长成完整的植株。由于马铃薯组培苗在扦插过程中极易因不同品种所含病毒含量的不同而出现交叉感染，并通过组培快繁逐代积累。同时，由于环境和操作人员的原因，会使组培苗被真菌、细菌感染，从而使马铃薯组培苗出现退化现象。因此，组培苗扩繁最关键一步是必须做到无菌操作和无菌培养，保证良好的无菌环境是至关重要的。工作区要做到合理的一体化设计，既要便于工作，又要与外界隔离，防止空气对流等造成的环境污染。

1. 优良品种母体选择与脱毒处理

马铃薯脱毒组培苗快繁基础苗，必须选择所繁品种纯正、农艺性状优良的植株薯块或带腋芽的茎秆作为母体。挑选若干个具有原品种典型特征特性、生长 60～70 d、无病害、重 100～150 g 的壮龄薯块。将收获的薯块存放在连续光照、2～6 ℃条件下处理 60 d，钝化马铃薯纺锤形块茎类病毒；然后将薯块置于 36.5～37.5 ℃温箱中钝化马铃薯卷叶病毒 30 d；最后将薯块放在 15～20 ℃的室内自然催芽；待薯块芽眼有白点时放于通风透气、温度 20～22 ℃的条件下使其发芽；芽苗高 1～2 cm 时，经消毒灭菌处理后，接种于 MS 培养基上，每培养瓶或试管接种 1 个芽苗，1 个芽苗为 1 个株系，培养无菌苗。

待每个株系转接培养到 20～50 株时，进行茎尖剥离，取带 1 个叶原基的茎尖生长点 0.1～0.2mm 迅速接入 1/2 MS＋0.2 mg/L 6-BA＋0.02 mg/L IBA 茎尖组织脱毒培养基中。30～50 d 后即能发育成 3～4 片叶片的苗。以单株为系，按单节切段进行扩繁，每隔 15～20 d 繁殖 1 次。

2. 组培苗生产质量监测

（1）茎尖剥离后的检验。某一品种获得一批组培再生苗后，要逐株鉴定带病毒和类病毒状况，检测筛选出的不带有 PVX、PVY、PVS、PVA、PVM、PLRV 病毒和类病毒的组培苗，才能确认为脱毒组培苗。

（2）扩繁前的检验。组培苗在扩大繁殖前，要对脱毒组培苗再次检测，确认不带有 PVX、PVY、PVS、PVA、PVM、PLRV 病毒和类病毒后，即符合《马铃薯种薯》（GB 18133—2012）标准，方可用于扩大繁殖。

3. 培养基制备管理

所有原料经严格检验符合要求，方可使用。药品的称量应准确无误。培养基 pH 调整至 5.8 之后，按培养容器的大小定量分装、高压灭菌。灭菌结束后缓慢匀速放气使高压锅降温冷却，开锅后迅速将培养基转入操作室，平稳放置。

4. 组培工作区管理

（1）无菌操作室内除安装一定数量的超净工作台、切断及灭菌器具外，需在室内上方安装紫外线灯，用于室内空气及表面消毒。

（2）组培苗快繁工作区入口处一般是相对隔离的缓冲间，其作用是保证切断室与培养室和外界的隔离。

（3）工作区要每周 1～2 次定期清扫，并用高锰酸钾加甲醛熏蒸，紫外线灯照射 5～8 min，保证组培苗转接所需的高洁无菌环境。

（4）严格工作区管理，非工作人员不得进入组培工作区。必要时，要经管理人员的允许，更换服装、消毒后由工作人员引导进入。

5. 人员管理

（1）组培苗转接工作人员在缓冲间更换工作服、鞋帽及手部消毒后进入组培工作区操作室。

（2）组培苗转接工作人员在灯光培养室挑选无污染且长势良好的组培基础苗，并用 75％酒精对培养容器表面进行消毒灭菌处理，阻断污染源。放置于超净工作台上。

（3）组培苗转接工作人员到达超净工作台后，用 75％酒精浸泡的棉花擦拭手部。工作人员要佩戴口罩，减少呼吸或交谈引起的气流与培养瓶气体交换而产生污染。

（4）组培苗转接工作人员要严格地按组培苗快繁转接生产流程规范操作，预防快繁中组培苗及环境发生污染。

（5）组培苗转接过程是组培苗扩繁的核心，器械要做到定期清洗擦拭后进行高压锅灭菌。操作中要做到动作规范、迅速，尽量减少操作时间。每转接一瓶基础苗将镊子、剪刀等器械换一次，用后及时擦拭消毒并高温灭菌，避免交叉污染。

（6）提高人员素质，加强技术储备。组培苗生产中的污染问题不容忽视，高污染率不仅导致高成本，而且会造成亏损。高素质的技术人员是通过技术改进降低污染率、提高经济效益的后续保证。

（7）明确各生产流程中各岗位职能，做到各尽其职，各负其责，工作记录完备，出现问题有章可循，有记录可查。

6. 培养环境管理

控制培养室内温度、光照条件，提供适宜马铃薯组培苗生长的环境，确保生产出健康苗壮的马铃薯组培苗。

（1）温度条件。 培养室温度宜控制在 20～25 ℃，为最佳温度，高于 26 ℃则组培苗顶端易出现烧尖现象，高至 30 ℃以上苗会停止生长。

（2）光照条件。 光照控制在 14～16 h/d，光强在 2 500～3 000 lx，光强太弱组培苗呈浅绿色、长势纤弱、节间长。

（二）马铃薯原原种生产质量控制技术

目前国内外生产上最常见的马铃薯原原种生产方式是温室或网棚基质法。先将脱毒组培苗从培养器皿中取出，洗净培养基，栽植到温室或网棚基质中，供给营养物质，经过一段时间的生长，生产出的 3～20 g 小薯块即为原原种。虽然原原种生产是在温室或网棚的 40 目以上防虫网保护条件下生产，但是温室或网棚由于管理人员的进入，与外界直接接触，是比较开放的环境。因此，需要做好蚜虫的防治工作，定期喷施防蚜药剂，避免蚜虫传播病毒。

1. 马铃薯脱毒组培苗选择

原原种生产所需的马铃薯脱毒组培苗要健壮，不带有 PVX、PVY、PVS、PVA、PVM、PLRV 病毒和类病毒，符合《马铃薯种薯》（GB 18133—2012）标准。

2. 设施及基质管理

温室、网棚及其内部设施应定期消毒。无论接地法或离地法繁育原原种，要在苗床底部平铺 1 层园艺地布。二次利用椰糠基质及设施采用 50% 多菌灵可湿性粉剂 600～800 倍液＋70% 代森锰锌可湿性粉剂 600～800 倍液，或 1 g/kg 高锰酸钾溶液喷雾消毒；原原种收获后高温闷棚 5～7 d，也可用 25% 百菌清可湿性粉 1 g/m³＋锯末 8 g/m³ 混匀后点燃熏蒸，熏烟密闭 24 h 进行消毒。缓冲间可用生石灰或其他消毒剂随时消毒。

在原原种生产过程中要随时检查温室或网棚的防虫网是否有破损之处，一经发现要及时修补破损处。

3. 生长期质量控制

（1）营养及水分管理。 幼苗移栽生根成活后，每 7 d 浇施 1 次营养液。根据植株的生长情况及时补充水分。

（2）虫害防控。 主要是防治蚜虫。组培苗栽苗前应尽早覆盖防虫网，棚内喷施 1 次啶虫脒、吡虫啉或阿维菌素等杀虫药剂。组培苗定植成活后，每 7～10 d 喷施 1 次抗蚜威、啶虫脒、吡虫啉等预防蚜虫的发生，防止病毒的传播。

（3）病害防控。 以早疫病、晚疫病为主的真菌性病害，在定植苗生根成活后，可选用丙森锌、代森锰锌、烯酰吗啉、霜脲·锰锌、噁霜·锰锌等，每间隔 10～15 d 喷施 1 次，预防真菌性病害的发生。

细菌性病害用多抗霉素、中生菌素等预防，参考使用说明书，与防治真菌性病害结合进行。

在整个管理期间应注意观察植株生长情况，当发现病株或蚜虫危害的植株时应马上拔除，以防病害传播。

4. 原原种生产质量监测

原原种生产时，要在生育期进行 3 次田间监测。第 1 次是在定植后 30～40 d，目测植株生长的整齐度、叶片形状、叶色、茎秆颜色是否一致，若有差异，应取样检测；第 2 次是在定植后 60～70 d，目测植株叶片形状、叶色、花色、茎秆颜色是否一致，若有差异，应取样检测；第 3 次是在收获前 10～15 d，每亩地块随机取 5 点进行检验，每点取 20 株作为一个样品，观察薯块形状、皮色、肉色是否符合所繁品种特性，在实验室内进行病毒及真菌、细菌病害检验。对于不符合国家标准《马铃薯种薯》（GB 18133—2012）的原原种要作降级或者淘汰处理。

（三）马铃薯原种及良种生产质量控制技术

原种生产主要由取得基础种薯生产资质的种薯生产企业采取防虫网棚和高山隔离两种方式进行生产。良种（一、二级种薯）生产主要由取得合格种薯生产资质的企业在高山区生产。

1. 生产区域选择

北方种薯生产区选择海拔 1 800 m 以上、南方及秋播种薯繁育区选择海拔 1 200 m 以上，周边 500 m 内无马铃薯等茄科作物种植，无检疫性有害生物发生的地区。选择前茬未种过马铃薯或茄科作物、土层深厚、土壤疏松、排灌方便，并且没有使用过任何除草剂的地块。

2. 种薯选择及处理

原种生产选择 2 g 以上原原种；良种繁育选择原种或一级种。原原种、原种和一级种质量均要符合《马铃薯种薯》（GB 18133—2012）标准。

选好种薯后，切块时剔除病薯、杂薯、内部变色薯块，切刀接触病薯后立即用 75％酒精消毒。切块后要用代森锰锌、甲基硫菌灵、多菌灵及吡虫啉等马铃薯拌种剂进行拌种处理，用量为种薯量的 0.1％。预防马铃薯苗期黑痣病、粉痂病、枯萎病、干腐病、黑胫病等土传病害及蚜虫的危害。

3. 适期晚播

适当晚播，较正常播期晚 10～15 d，适当密植，控制氮肥的施用，降低大薯率，这样生产的种薯具有较高的生理活性和增产潜力。同时，不同级别的种薯分区域种植，高级别种薯和低级别种薯之间应有隔离带。

4. **生长季节的质量控制**

（1）**预防蚜虫发生。** 播种时应用 3‰ 吡虫啉对马铃薯种薯进行拌种处理。从马铃薯齐苗开始每 7 d 喷 1 次杀虫剂，持续到植株完全成熟老化死亡，预防蚜虫的发生，从而控制病毒的传播。

（2）**严格去杂去劣。** 在现蕾期进行第 1 次去除混杂植株、花叶病毒植株和生长不健康的植株。在开花初期进行第 2 次去杂，重复第一次的操作，这个时期重点去除马铃薯卷叶病毒株。

（3）**真菌、细菌病害的预防。** 马铃薯齐苗后，喷施丙森锌或丙森锌·霜脲氰预防早疫病，生长季节每 10～15 d 喷施 1 次杀菌剂，如代森锰锌、甲霜灵、霜脲氰、烯酰吗啉、霜脲·锰锌及多抗霉素、春雷霉素、中生菌素等预防晚疫病、软腐病等真菌、细菌病害的发生。

（4）**田间监测。** 原种、一级种和二级种田间检查采用目测检查，每批次至少随机抽检 5～10 点，每点 100 株，目测不能确诊的非正常植株应马上采集样本进行实验室检验。第 1 次监测在现蕾期至开花期进行；第 2 次监测在盛花期（即块茎膨大期）进行；第 3 次监测在收获前 15 d 左右进行，第 3 次监测为最终田间检查结果。

（5）**收获和贮藏。** 植株完全死亡后 15 d 开始杀秧、收获，可减少破皮和腐烂的发生。在收获、运输和贮藏过程中，要尽量减少转运次数，避免机械损伤，以减少块茎损耗和病菌侵染。不同品种和用途的马铃薯要分别收获，分区域单独贮藏，严防混杂。

五、马铃薯脱毒种薯种苗质量评价技术

（一）马铃薯脱毒组培苗质量评价技术

马铃薯组培苗包括核心种苗和生产用组培苗两类，组培苗是二者的统称。

核心种苗也叫基础苗，是用育成品种的植物学特征和生物学特性选择薯块，通过茎尖分生组织培养脱毒处理，获得的马铃薯再生组培苗，经过检测后不含真菌性病害、细菌性病害、病毒和类病毒及其他有害生物，符合《马铃薯种薯》标准要求。同时种植到温室或网棚，调查植株和块茎性状，病害检测合格，且生物性状都符合原有品种的特征特性。

生产用组培苗是用于大规模快繁生产的组培苗。由核心种苗繁殖而来，在无菌环境下的容器内经过继代扩繁培养获得的用于繁育原原种的组培苗。经检测质量符合《马铃薯种薯》标准要求。

1. 组培苗质量评价的方法

（1）取样数量。

核心种苗：保存的核心种苗每次使用前按照第三章第四节和第五节的质量要求检测，取样量为 100%。

生产用组培苗：每批生产用组培苗在移栽前随机抽取 0.01% 样品。

（2）取样方法。

核心种苗取样：每批核心种苗每次使用前进行病害检测。每批核心种苗从上到下按 1∶2 分为两部分剪切繁殖，上段用于扩繁生产，下段用于真菌性病害、细菌性病害、病毒、类病毒和品种真实性检测。

生产用组培苗取样：每个培养容器内的组培苗取植株上半段作为 1 个样品进行有害生物检测，下半段用于生产。

（3）评价方法。

有害生物评价：病毒检测采用 DAS-ELISA 方法；类病毒检测采用 RT-PCR 方法；环腐病病菌、青枯病病菌等检测采用实时荧光定量 PCR（qPCR）方法；马铃薯青枯病病菌采用叠氮溴化丙锭（PMA）-PCR 检测。

品种真实性评价：核心种苗需对品种真实性进行验证，取组培苗栽植到温室或网棚，调查整个生育期生物学性状。必要时，也可采用分子生物学方法检测。

2. 组培苗质量评价结果判定

（1）核心种苗。 按照《马铃薯种薯》（GB 18133—2012）的病害参数检测，茎尖剥离获得的再生组培苗首先检测类病毒，类病毒合格后再检测 PVX、PVY、PVS、PVM、PVA、PLRV、苜蓿花叶病毒（AMV）和马铃薯帚顶病毒（PMTV）等病毒及环腐病、青枯病等细菌性病害，样品的任何一种病害检测结果为阳性，必须淘汰；检测品种真实性，与育成品种描述的性状偏离时，也必须淘汰。

（2）生产用组培苗。 按《马铃薯种薯》（GB 18133—2012）的参数检测 PVX、PVY、PVS、PVM、PVA、PLRV、AMV 和类病毒，样品中任何一种病害检测结果为阳性，必须立即更换核心种苗。

（二）马铃薯脱毒种薯田间生产质量检测评价技术

马铃薯种薯质量田间监测评价的目的是尽可能地将马铃薯种薯生产田田间病原数量减到最少，生产优质合格的种薯。马铃薯种薯质量田间监测评价以目测为主，比实验室操作简单，易于执行，比收获后检测和库房检测范围大，能够实时掌握种薯生产整体情况，对质量控制作用效果显著。影响种薯质量最重要的因素是病毒和细菌病害，它们在植株上引发一系列症状，应用这些症状进行质量诊断很实用也很方便。在大田种薯繁育中，检测的精确性要求不像检测母株时那么高，此时观察症状就成为除去感染植株最迅捷的方法。

1. 田间生产质量检测评价类型

马铃薯种薯田间生产质量检测评价是根据不同种薯类型生产的需要，以种薯生产质量检测评价为目的监督检测。田间质量检测评价分为种薯生产单位自检和第三方监督检测单位进行的监督检验。不同目的的田间质量检测评价，技术细节有很大差异。自检具有及时、全面、细致的特点，即在整个生长季节不间断执行全田监控检测，每一个有异常的植株，需要对全株进行详细观察。监督检验评价具有客观、准确、高效的特点，即抽查检测要有代表性，在规定的时间段进行的仅几次检测评价结果能真实反映全田基本质量状况。无论自检还是监督检测评价的技术员，都要在检测评价前详细掌握被检测评价田块的基本信息。

2. 田间生产质量检测评价内容

详细了解被评价单位脱毒马铃薯种薯扩繁基地的基本情况，包括基地海拔高度、隔离情况、繁殖面积、种薯来源（所用种薯有无质量检验报告单）、田间生长管理情况和生产档案，实地调查扩繁品种纯度、影响种薯质量的主要病害类型和发病率。

马铃薯对许多病虫害非常敏感，这在所有马铃薯生长的地区都一样。有些病虫害通过土壤传播（土传病害），也有的可以通过种薯传播（种传病害）。许多传播广泛的病害被视为质量病害，例如晚疫病、疮痂病、粉痂病、黑痣病、黑胫病、枯萎病以及一些病毒性病害。这些影响马铃薯的质量病害在种薯中只能允许非常低的感染率。除了质量病害还有检疫性病害，如马铃薯金线虫、类病毒和环腐病，这些病虫害是非常危险的，在种薯中是完全不允许出现的。此外，还要考虑干旱、冰雹、霜冻、虫害等。通常，生产单位自检内容要尽可能全面，而监督检验重点以质量病害和检疫性病害检测为主。根据《马铃薯种薯》（GB 18133—2012）的要求，除品种纯度检测外，检测的有害生物包括限定非检疫性有害生物和检疫性有害生物，涉及真菌、细菌、病毒、类病毒和昆虫。

种薯收获期还要检测田间是否有杀秧处理后新长出的小植株，由于柔嫩的新植株对各种病害都很敏感，此时田间病害压力又是整个生育期较大的时候，极易被病原物侵染，成为下一个生长季的病源。

3. 田间生产质量检测评价时间

原原种生育期间要进行两次质量检验评价，第 1 次在结薯前（现蕾期，现蕾株达 75%）进行，第 2 次在收获前进行。

原种生育期间要进行 3 次检验，第 1 次检验是在苗期（齐苗后 1 周），第

2 次检验是在植株盛花期（开花达 75%），第 3 次检验是在植株枯黄期前 15 d 左右。

一级良种和二级良种生育期间进行两次田间质量检验评价，检验评价时间与原种的第 1、第 2 次检验时间相同。

4. 田间生产质量检测评价方法

(1) 抽样方法和数量。 质量评价人员对田间生长的植株作整株观察后，依据随机抽样法确定抽样点，抽样方法和数量见表 6-1。

表 6-1　不同面积田块的质量评价抽样点数和植株数

面积（亩）	随机抽样检验点数（点）	每点检验植株数（株）
≤30	5	100
60	9	100
90	14	100
120	18	100
150	20	100
≥150	在 20 点基础上，每增加 30 亩递增 2 个点	100

(2) 田间质量评价内容。 种薯生产田主要检查品种纯度，植株典型的病毒病、细菌与真菌发病症状及发生比例。其主要发病症状目测鉴别如下。

马铃薯病毒病：马铃薯病毒病分为马铃薯花叶病毒病和马铃薯卷叶病毒病，按症状进行田间检测，计数选定样点内花叶病毒病和卷叶病毒病株数，复合侵染植株按 1 株计数。

感染马铃薯花叶病毒的植株症状为叶片有黄绿相间的斑驳或褪绿，叶肉凸起产生皱缩。有时叶背叶脉产生黑褐色条斑坏死，生育后期叶片干枯下垂，不脱落。块茎变小。

感染马铃薯卷叶病毒的植株症状为叶片卷曲，呈匙状或筒状，质地脆，小叶常有脉间失绿症状，有的品种顶部叶片边缘呈紫或黄色，有时植株矮化。感病块茎变小，有的品种块茎切面上产生褐色网状坏死。

马铃薯类病毒：感染马铃薯纺锤形块茎类病毒植株症状为病株叶片与主茎间角度小，为锐角，叶片上举，上部叶片变小，有时植株矮化。感病块茎变长，呈纺锤形，芽眼增多，芽眉凸起，有时块茎产生龟裂。

马铃薯细菌性病害：感染马铃薯环腐病的植株症状为植株的一个或一个以上主茎叶片失水萎蔫，叶片灰绿色并产生脉间失绿症状，不久叶缘干枯为褐色，最后黄化枯死，枯叶不脱落。感病块茎维管束软化，呈淡黄色，挤压时组织崩溃呈颗粒状，并有乳黄色菌脓溢出，表皮维管束部分与薯肉分离，薯皮有红褐色网纹。

感染马铃薯黑胫病的植株症状为病株矮小，叶片褪绿、叶缘上卷、质地硬，复叶与主茎角度开张，茎基部黑色，易从土中拔出。感病块茎脐部黄色、凹陷，扩展到髓部形成黑色孔洞，严重时块茎内部腐烂。

感染马铃薯青枯病的植株症状为病株叶片灰绿色，急剧萎蔫，维管束褐色，以后病部外皮褐色，茎断面乳白色，黏稠菌液外溢。感病块茎维管束褐色，切开后乳白色菌液外溢，严重时维管束邻近组织腐烂，常从块茎芽眼流出菌脓。

马铃薯真菌性病害：感染马铃薯晚疫病植株的症状为叶尖或叶缘形成水渍状病斑，病斑周围有浅黄色晕圈，潮湿时在叶背产生白霉状的孢囊梗和孢子囊，在茎上、叶柄上呈黑色或褐色。感病块茎表皮褐色病斑不规则，稍凹陷，褐色的坏死组织和健康组织分界不明显，病斑下薯肉显现深度不同的褐色组织。

感染马铃薯枯萎病植株的症状为首先在叶片上出现轻微、清晰的脉状条纹，叶片下垂，下部叶片萎蔫、变黄，黄化通常表现在复叶半边，上部叶片有褪绿斑驳并萎蔫。主茎被侵染的典型症状是植株根系皮层、茎下部腐烂，主茎上出现黑色或棕色纵长的条形病斑，剖开病茎可见维管束变褐。

马铃薯的生理性病害：外部条件刺激产生的叶形、叶色变化和坏死等，病情不会扩展，新生叶片自然恢复。主要由缺素、机械损伤、灼伤和冻害等引起。

药害：也是诊断时必须考虑的因素，会产生与质量病害（病毒、真菌和细菌病害）相似的症状，杀虫、杀菌和激素类药剂会引起植株叶片不同程度及不同类型的花叶、皱缩。

马铃薯的品种特征：依据植物学特征，如株型、叶缘、叶色、小叶、幼芽、托叶、花冠、花柄、柱头、花药、薯形、芽眼、薯皮等的形状、颜色或大小进行判断。

品种纯度：检查品种的植物学形态特征，茎、叶、花等，找出混杂植株。

5. 田间生产质量检测评价技术的实施

无论是生产单位还是质量监督检测单位的田间生产质量检测评价人员，都应该熟悉马铃薯种薯质量标准，熟悉马铃薯种薯生产，并掌握一定植物形态学和病理学知识。田间生产质量检测评价人员必须为专职人员，田间检验是一项实践性很强的工作，主要根据症状判断各种病害，进行评价。马铃薯植株症状由于品种、气候条件、周边环境、农艺措施、用肥用药种类和用量的不确定性，不同于实验室检测能够采用固定检测流程得出非此即彼的结果，而是任何一块田都有其特点，需要田间生产质量检测评价人员具有丰富的田间检验经验，综合能力强，能够因地制宜分析问题，排除干扰，准确判断。同时，田间生产质量检测评价人员需要不断总结积累经验，不断提高田间检验水平。由于生产技术的不断改进、新药新肥的推出和病害的进化，不同来源的刺激会使症状表现相似或相背，背景的了解有助于准确检测。由于田间质量检测评价人员主要是在田间巡查，走的路程长，生产单位的田间质量检测评价人员有时还要负重，所以田间检验员必须有良好的身体素质。

(1) 种薯生产单位自检评价。种薯生产者首先要了解种薯质量标准，能够识别病害，才能预防控制病害的发生和流行。因此，对种薯生产人员进行马铃薯种薯生产技术、病害识别和防治及检测标准的培训非常重要。通常在执行检测过程中，种薯级别的判定依据是最后一次种薯质量检验，生产者在生产过程中自己检测，拔除病株、混杂植株，以达到相应标准。事实上，即使对已经合格的田块，生产者自检时也不应轻易放过任何一株病株，均要拔除，不留有任何后患，自检的目标是全田无病。

检测范围和方法：种薯生产单位的自检是对生产的种薯进行全面检测，在整个生长季节，从苗高15～20 cm开始至收获期，技术人员应该按照一定频率不间断在地里巡查。田间检验员在巡查时，随身携带袋子，把检出的病株等装在袋子里，带出田地，集中销毁。

田间鉴定的基本原则是以植株为主线，按先整体后局部，从叶片到根的顺序进行检测。生产单位执行自检时，主要为目测检验，要求要全面，但不意味每一棵植株都得到检验，而是边走边看，首先确定所检验田块品种是否正确，然后开始检测，通常同时检测4行，缓慢行走，整体观察，健康植株一般表现一致，当发现个别植株有异常时，停下来对其整体形态进行观察（矮化、丛枝、纤细超高、叶色变化、萎蔫等），并对叶片、叶背、茎、茎基部逐一细查，推测病因，加以判断，同时对确定的病情，根据病原物进一步采取措施降低病害扩散的潜在风险。

发现病株，及时拔除：可疑植株一旦确诊为质量病害，拔除病株的同时处理周边环境，最大程度降低病害发生的潜在风险。根据病原物种类可采用下列措施彻底消除隐患。

真菌：发现病株及时拔除，并立即在中心病株周围（半径50 m范围内）喷施杀菌剂。

细菌：及时拔除病株并对病株周围土壤和相邻植株喷施细菌杀菌剂进行处理。

病毒：不仅拔除发病植株，还拔除周围相邻病株。

(2) 监督单位检测评价。无论生产者去杂去劣的工作做得多好，在种薯生产田中通常能看到或多或少的病毒株。这些病毒株可能成为生长季节中病毒进一步侵染的病源，从而导致作物在整个生长季节处于再侵染的危险中。因此，监督检测至少需要 2 次。第 1 次检查在现蕾期到盛花期。第 2 次检查在收获前 4～5 周进行。客观评价种薯质量，以确保种薯整个生长过程质量在标准要求的指标范围内。

取样方法和数量：对田间生长的马铃薯植株全貌整体观察后确定抽样点位。一般每百亩按不同区域选取 5 块地，每块地取 5 点，每点位取 100 株进行检测调查。

田间行走路线：监督检测不同于生产者自检，不需要全田检测，但检测结果要有代表性，种薯田一般面积较大，检测任务繁重，所以行走路线通常与工作效率和劳动强度相关。检测的种薯田周围如果有路，可以沿路周围设检测点。

平行检测：对于面积不大的种薯田或者临近道路狭长的种薯田可以采用此方法，即检测时不串垄，从垄头一直走到垄尾，换行后，再从另一垄尾走到垄头，往返 1～2 次，沿途随机设点。第 1 次和第 2 次检测避免走重复路线。

"之"字形检测：对于面积较大且长和宽相差不大的种薯田，有路的可沿路就近检测，每测一点，前行一段换行，根据地块性状确定间隔行数，检下一点，深入到地中部折回，继续不断换行检测，直至回到田边；如是往返 1～2 次，沿途随机设点。第 2 次检测在第 1 次检测对面进行。

检测方法：与自检相同，但不需要将病株带出田块。

6. 质量检测评价结果计算

不同病害按以下公式计算。

病株或混杂株率（%）＝［选定样点内病株或混杂株数（株）/样点内总株数（株）］×100%

7. 质量检测评价结果处理

对于生产单位的自检，检测结束需要对混杂株和病株进行适当处理。对于监督检测，检测标准参考《马铃薯种薯》（GB 18133—2012），当第 1 次检查指标中任何一项超过允许率的 5 倍，则停止检查，该地块马铃薯不能作种薯销售。第 1 次检查任何一项指标没有超过允许率的 5 倍，可通过种植者拔除病株和混杂株降低比例。第 2 次检查为最终田间检查结果，作为定级依据。如果没有第 2 次田间检查结果，则根据第 1 次检查结果进行降级或作为商品薯处理。

8. 质量检测评价结果实验室验证

由于田间生产较复杂，涉及的范围广，病害、品种、农艺措施（施药、施肥、种植深浅）、环境条件（蚜虫发生情况、气候、地势、隔离等）等不同，任何专家都不可能准确地通过田间检验识别所有的病害。对于病毒和细菌，几乎不可能预测从潜伏感染到出现症状需要多长时间，一批被病害感染的种薯在种植时总是存在着必然发生病害的风险，特别是后期感染的植株在田间很难通过目测被发现，即使杀秧也并不意味着就能保证种薯符合标准。因此，田间检验员需要在田间检验期间采集症状不明显的叶片，特别是原原种生产，用实验室检测作为田间目测的补充，并结合收获后检测来准确评估病害的发生情况。

9. 质量评价结果判定

根据各级种薯质量标准和检测结果作出基地种薯质量评价结果判断（表6-2）。

表6-2 马铃薯脱毒种薯生产田间质量评价记载表

生产单位：＿＿＿＿＿＿＿　　生产地点：＿＿＿＿＿＿＿　　隔离情况：＿＿＿＿＿＿＿
生产面积：＿＿＿＿＿＿＿　　生产品种：＿＿＿＿＿＿＿　　生产级别：＿＿＿＿＿＿＿

序号	调查株数	细菌类病害		真菌类病害		病毒病		品种纯度			总体评价
		发病株数	发病率（%）	发病株数	发病率（%）	发病株数	发病率（%）	总株数	混杂株数	纯度（%）	

田间质量评价人员：　　　　　　　　　调查评价日期：　　年　　月　　日

（三）马铃薯脱毒种薯贮藏期间块茎质量检测评价技术

在北方一作区及中原二作区马铃薯种植区域，冬季时间长，气候相对干燥，马铃薯贮藏方式主要以窖藏为主，设施简易，贮藏方式粗放，管理措施落后。虽然当地的气候条件能够使贮藏窖基本保持低温，有利于马铃薯安全贮藏。但是当地马铃薯脱毒种薯从9月下旬进入贮藏窖到翌年4月移出贮藏窖，没有强制调节温、湿度的设备，温、湿度调控困难，贮藏后腐烂率和发芽率高，不能保持大部分块茎新鲜不出芽，窖藏损耗在10%～20%，易造成种薯质量下降。

1. 质量评价检测准备

（1）进行质量评价检测前，准备好刀具、放大镜、计数器和取样袋等。检查所用计数器是否在规定有效检定或校验期内。

（2）向受检单位了解种薯收获、包装、运输及贮藏情况。

2. 抽样方法

（1）根据种薯不同存放方式，采用分层设点取样或随机取样法进行抽样。同一种源、同一品种、同一类别生产的种薯组成同批种薯。

（2）取样时随机抽取后混合。原原种、原种每批次平均取 200 个块茎，合格种薯每批次取 100 个块茎，用于室内检测。

3. 质量评价项目与方法

由两名质量评价检验人员在相对隔离条件下，检验块茎质量。发病及生理缺陷块茎检验按《马铃薯种薯》（GB 18133—2012）不同检验项目分别计数。

（1）环腐病。症状为感病块茎维管束软化，呈淡黄色，挤压时组织崩溃显颗粒状，并常有乳黄色无味菌脓溢出，表皮维管束部分与薯肉分离，薯皮有红褐色网纹。

（2）湿腐病和腐烂。症状为在伤口上或皮层上的切口周围出现水浸状变色区域，当病害发展时，块茎肿大，内部腐烂组织黑色，多水孔洞，病健组织被一个黑色分界线清晰地分开，几天内可全部腐烂，稍加压力，即可使皮层开裂，并有大量液体溢出。

（3）干腐病。症状为块茎上形成浅褐色病斑，扩展后形成较大的暗褐色同心环状凹陷斑，病斑逐渐疏软、干缩。表面长出灰白色或玫瑰色菌丝和分生孢子座，有时整个块茎被侵染。

（4）疮痂病、黑痣病和晚疫病。

疮痂病症状：块茎上病斑通常为圆形，多病斑愈合时，病斑的形状不规则。被病菌侵染的组织从淡棕色到褐色，病斑可能是网状的，或为深的坑状，或凸起块，和疮疤形状相似。

黑痣病症状：块茎表面上形成各种大小和形状不规则的、坚硬的深褐色菌核。茎基部形成白色的菌丝体。

晚疫病症状：块茎上病斑不规则、褐色、稍凹陷，切开后，褐色的坏死组织与健康组织分界不明显。

以上 3 种病害复合侵染块茎作为一个病块茎计数。块茎表面有 1%～3% 病斑者，属于轻微症状；有 5%～10% 病斑者，属中等症状，两种症状分别测定计数。

（5）生理性病害。有缺陷薯块指畸形、次生、龟裂、虫害、冻伤、黑心和机械损伤的薯块。冻伤薯块可在 25 ℃ 左右孵育 24 h，如表面出水、薯肉松软、刀切无脆感，或皮层、维管束、髓部分层，薯肉发暗，则为冻伤。

4. 检测结果计算

各检测项目分别计算。

带病块茎、冻伤或缺陷块茎百分率＝$S/M×100\%$

式中：S——样品中带病块茎、冻伤或缺陷块茎的质量（g）；

M——所检样品质量（g）。

5. 检测结果判定

各级种薯块茎质量实测值应符合国家标准规定，否则判定为不合格。

六、马铃薯脱毒种薯主要病害和品种真实性检测方法

（一）马铃薯病毒病检测方法

1. 双抗体夹心酶联免疫检测法

（1）溶液配制。 所用试剂为分析纯规格，用水为蒸馏水。

洗涤缓冲液（PBST，pH 7.4）：氯化钠（NaCl）8.00 g，磷酸二氢钾（KH_2PO_4）0.20 g，十二水磷酸氢二钠（$Na_2HPO_4 \cdot 12H_2O$）2.93 g［或磷酸氢二钠（Na_2HPO_4）1.15 g］，氯化钾（KCl）0.20 g，吐温-20（Tween-20）0.50 mL，溶于蒸馏水中，定容至 1 000 mL，4 ℃保存。

抽提缓冲液（pH 7.4）：20.00 g 聚乙烯吡咯烷酮（分子量 24 000～40 000）溶于 1 000 mL PBST 中。

包被缓冲液（pH 9.6）：碳酸钠（Na_2CO_3）1.59 g，碳酸氢钠（NaH-CO_3）2.93 g，叠氮钠（NaN_3）0.20 g，溶于蒸馏水中，定容至 1 000 mL，4 ℃保存。

封板液：牛血清白蛋白（BSA）或脱脂奶粉 2.00 g，聚乙烯吡咯烷酮2.00 g，溶于 100 mL PBST 中，4 ℃保存。

酶标抗体稀释缓冲液：牛血清白蛋白（BSA）或脱脂奶粉 0.10 g，聚乙烯吡咯烷酮 1.00 g，叠氮钠 0.01 g，溶于 100 mL PBST 中，4 ℃保存。

底物缓冲液：二乙醇胺（$C_4H_{11}NO_2$）97 mL，叠氮钠 0.20 g，溶于800 mL蒸馏水中，用 2 mol/L 盐酸调 pH 至 9.8，定容至 1 000 mL，4 ℃保存。

底物溶液（现用现配）：0.05 g 4-硝基苯酚磷酸盐溶于 50 mL 底物缓冲液中。

（2）样品制备。 取样品 0.5～1.0 g，加入 5 mL 抽提缓冲液，研磨，4 000 r/min离心 5 min，取上清液备用。

（3）操作步骤。

包被抗体：每孔加 100 μL 用包被缓冲液稀释到工作浓度的抗体，37 ℃保

湿孵育 2～4 h 或 4 ℃保湿过夜。

洗板：用洗涤缓冲液洗板 4 次，每次 3～5 min。

封板：每孔加 200 μL 封板液，34 ℃保湿孵育 1～2 h。

洗板：同上洗板操作。

包被样品：每孔加样品 100 μL，34 ℃保湿孵育 2～4 h 或 4 ℃保湿过夜。同时设阴性、目标病毒的阳性和空白对照，可根据需要设置重复。

洗板：用洗涤缓冲液洗板 4～8 次，每次 3～5 min。

包被酶标抗体：每孔加 100 μL 用酶标抗体稀释缓冲液稀释到工作浓度的碱性磷酸酯酶标记抗体，37 ℃孵育 2～4 h。

洗板：同上洗板操作。

加底物溶液：每孔加 100 μL，37 ℃保湿条件下反应 1 h。

酶联检测：用酶联检测仪测定 405 nm 处的光吸收值（OD_{405}），记录反应结果。检测样品光吸收值与阳性对照光吸收值的比值≥2 为阳性，<2 为阴性。

2. 往返电泳检测法

（1）溶液配制。所用化学试剂为分析纯规格，用水为蒸馏水。

抽提缓冲液（pH 7.5）：三羟甲基氨基甲烷（Tris）6.06 g，乙二胺四乙酸（EDTA）1.86 g，氯化钠（NaCl）5.84 g，溶于 800 mL 蒸馏水中，用盐酸调 pH 至 7.5，定容至 1 000 mL，4 ℃保存。

TBE 电泳缓冲液（pH 8.3）：Tris 10.78 g，硼酸 5.50 g，EDTA 0.93 g，溶于蒸馏水中，定容至 1 000 mL，4 ℃保存。

5%聚丙烯酰胺凝胶配方：30%丙烯酰胺-甲叉双丙烯酰胺贮备液（丙烯酰胺：甲叉双丙烯酰胺＝29：1）7.5 mL，四甲基乙二胺（TEMED）原液 0.045 mL，20%过硫酸铵（现用现配）0.4 mL，10×TBE 缓冲液 4.5 mL，加蒸馏水至 45 mL。

显影液：氢氧化钠 6.40 g，硼氢化钠 0.40 g，甲醛 1.6 mL，溶于 400 mL 蒸馏水中。

指示染料溶液：40%蔗糖，0.03%的二甲苯蓝。

（2）样品制备。

研磨：取 0.5～1.0 g 待检样品，加入 2 mL 抽提缓冲液、2 mL 用抽提缓冲液饱和的酚、少许十二烷基硫酸钠（SDS）、1～2 滴巯基乙醇，研磨。同时设阴性对照、阳性对照。

离心：加入 2 mL 氯仿-异戊醇（24：1），继续研磨 2 min，4 000 r/min 离心 15 min，收集上清液。

沉淀：取上清液加入 3 mol/L 乙酸钠（NaAc）使其终浓度为 300 mmol/L，并加入 3 倍体积 95%的冷乙醇（-20～-4℃的乙醇），冰浴 1 h，10 000 r/min

离心 15 min，抽干水分，收集沉淀。

回溶：取 400 μL TBE 缓冲液溶解沉淀，备用。

（3）往返电泳。

制板：取洁净的电泳板，1％琼脂糖封底，制成 5％聚丙烯酰胺凝胶板。

加样：取 20 μL 制备好的样品，加入 5 μL 指示染料溶液，混匀后加入样品槽。

第一向电泳：在 380 V 电压下电泳至二甲苯蓝距离胶底约 1 cm 时停止电泳。

第二向电泳：更换新的电泳缓冲液（75 ℃），交换正负极，在 65 ℃温箱内、380 V 电压下电泳至二甲苯蓝距离胶底约 1 cm 时停止电泳，取下凝胶板染色。

（4）染色。

固定：将凝胶板在固定液（10％酒精、0.5％乙酸）中固定 15 min 或过夜。

染色：在 0.19％的硝酸银溶液中染色 20 min。

漂洗：用蒸馏水漂洗 4 次，每次 3～5 min。

显影：在显影液中显色 10 min。

增色：在 7.5 g/L 碳酸钠溶液中增色 10 min，取出凝胶板放入固定液中，观察结果。

（5）检测结果判定。与阳性对照相比，相同位置没有色带出现，说明检测对象不含所检测病毒；与阳性对照相比，相同位置有明显色带出现的为阳性，说明检测对象含有所检测病毒。

3. 反转录－聚合酶链反应检测法

（1）溶液配制。所用试剂为分析纯规格。

核酸提取缓冲液：100 mmol/L NaCl，100 mmol/L Tris-HCl（pH 9.0），10 mmol/L EDTA，0.5％皂土，0.5％ SDS，1％巯基乙醇。

1×TAE 缓冲液：40 mmol/L Tris-HCl，20 mmol/L NaAc，2 mmol/L EDTA（用冰醋酸调 pH 至 8.0）。

缓冲液Ⅰ：内含 0.2 mol/L NaCl 的 1×TAE 缓冲液。

缓冲液Ⅱ：内含 1.5 mol/L NaCl 的 1×TAE 缓冲液。

5×cDNA 第一链合成缓冲液：250 mmol/L Tris-HCl（pH 8.3），375 mmol/L KCl，150 mmol/L MgCl$_2$，250 mmol/L 二硫苏糖醇（DTT）。

10×PCR 缓冲液：100 mmol/L Tris-HCl（pH 8.3），500 mmol/L KCl，150 mmol/L MgCl$_2$，0.1％ BSA。

6％聚丙烯酰胺凝胶配方：30％丙烯酰胺-甲叉双丙烯酰胺贮备液（丙烯酰胺：甲叉双丙烯酰胺＝29：1）9.0 mL，10×TAE 缓冲液 4.5 mL，四甲基乙二胺（TEMED）原液 0.045 mL，20％过硫酸铵（现用现配）0.4 mL，加蒸馏水至 45 mL。

（2）模板核酸（PSTVd RNA）的制备。取待检样品 0.5～1.0 g，在液氮中研磨，加 2～3 mL 核酸提取缓冲液研磨匀浆，加等体积水饱和酚（内含 0.1％ 8-羟基喹啉），继续研磨匀浆，再加等体积氯仿，匀浆。4 ℃，8 000～9 000 r/min 离心 15 min。取上清液过 1 cm×3 cm DEAE-纤维素柱，先用 10 mL 缓冲液 I 冲洗柱子，再用缓冲液 II 洗脱，每次加 1 mL，待洗脱液有颜色时开始收集，直到洗脱液无颜色为止。向洗脱液中加入 3 倍体积的冷乙醇，－20 ℃沉淀过夜，10 000 r/min 冷冻离心 20 min。取沉淀用 75％酒精洗涤，10 000 r/min 冷冻离心 15 min。收集沉淀，干燥后用 0.4 mL 1×TAE 缓冲液溶解，即为 PSTVd 的模板核酸样品。

（3）PCR 扩增。

引物：引物 1（P1）的碱基序列为 5'CGGGTACCCGTTCACACCT3'，引物 2（P2）的碱基序列为 5'CCGAGCTCGGTCCAGGAGGT3'。

cDNA 的合成：在 0.5 mL Eppendorf 管中加入模板核酸 1 μL，10 μmol/L 互补引物（P1）1 μL，无菌重蒸馏水 9 μL，95 ℃水浴 5 min。然后向管中加入下列混合物，40 U/μL 核糖核酸酶抑制剂（rRNasin）1 μL，5×cDNA 第一链合成缓冲液 4 μL，10 mmol/L 脱氧核糖核苷三磷酸（dNTP）1 μL，0.1 mol/L DTT 2 μL，200 U/μL MMLV 逆转录酶 1 μL。42 ℃水浴保温 1 h。

PCR 扩增：向 0.5 mL Eppendorf 管中加入以下试剂，无菌重蒸馏水 37 μL，10×PCR 缓冲液 5 μL，10 mmol/L dNTP 1 μL，10 μmol/L 上游引物（P1）1 μL，10 μmol/L 下游引物（P2）1 μL，cDNA 4 μL。混匀后用 50 μL 石蜡油覆盖，95 ℃变性 10 min。然后加入 Taq DNA 聚合酶 1 μL，用 PCR 进行扩增，94 ℃ 3 min、60 ℃ 1 min、72 ℃ 90 s 预循环后，依 94 ℃ 40 s、60 ℃ 60 s、72 ℃ 90 s 进行 40 次循环。最后 1 次 72 ℃时为 10 min。

（4）扩增产物检测。

聚丙烯酰胺凝胶电泳：取洁净的电泳板，用 1％的琼脂糖封底，制成 6％聚丙烯酰胺凝胶板，用 120～140 V 电压电泳至溴酚蓝走到胶底时进停止电泳。电泳缓冲液为 TAE 缓冲液。

染色：①固定。将凝胶板在固定液（10％酒精、0.5％乙酸）中固定 15 min 或过夜。②染色。在 0.19％的硝酸银溶液中染色 20 min。③漂洗。用蒸馏水漂洗 4 次，每次 3～5 min。④显影。在显影液（氢氧化钠 6.4 g，硼氢化钠 40 mg，甲醛 1.6 mL，溶于 400 mL 蒸馏水）中显色 10 min。⑤增色。在 7.5 g/L 碳酸钠溶液中增色 10 min，取出凝胶板放入固定液中，观察结果。

（5）阳性判断。与阳性对照相比，相同位置有明显色带出现的为阳性。

（二）马铃薯类病毒（纺锤形块茎类病毒）检测方法

1. 技术原理

类病毒分子在自然和变性条件下电泳迁移率存在明显不同，变性引起的类病毒核酸的环状结构使其电泳迁移率明显慢于相同分子量的其他线性 RNA 分子，因而在第二向电泳中，类病毒核酸的环状结构明显滞后。据此结合可靠灵敏的银染色技术测定类病毒。

2. 试剂

本检测方法所用试剂均为分析纯规格，用水为蒸馏水，个别为无菌水。

盐酸溶液（20% HCl）：量取盐酸 10 mL，加入 40 mL 水，混匀。

核酸提取缓冲液：称取三羟甲基氨基甲烷 12.11 g，乙二胺四乙酸二钠 3.72 g，氯化钠（NaCl）5.88 g，溶于 900 mL 水中，用盐酸溶液调 pH 为 9.0～9.5，定容至 1 000 mL。

TBE 电泳缓冲液贮液：称取三羟甲基氨基甲烷 107.8 g，硼酸（H_3BO_3）55.0 g，乙二胺四乙酸二钠 9.3 g，溶于少量水中，调 pH 为 8.3，定容至 1 000 mL。

TBE 电泳缓冲液工作液：量取电泳缓冲液贮液 200 mL，加水定容至 2 000 mL。

丙烯酰胺贮液：称取丙烯酰胺 29 g，甲叉双丙烯酰胺 1 g，37 ℃溶于 100 mL 水中，4 ℃贮藏。

过硫酸铵溶液：称取过硫酸铵 1.0 g，溶于 4.5 mL 无菌水中，4 ℃保存。

核酸固定液：量取 75 mL 95% 酒精，2.5 mL 冰乙酸，加水定容至 500 mL。

染色液：称取 1.0 g 硝酸银溶于水，定容至 500 mL。

核酸显影液：称取 8 g 氢氧化钠，溶于 500 mL 水中，用前加 2 mL 甲醛，现用现配。

增色液：称取 3 g 碳酸钠，溶于 400 mL 水中。

指示剂：称取 100 mg 二甲苯蓝，100 mg 溴酚蓝，40 g 蔗糖，溶于 10 mL TBE 电泳缓冲液贮液中，然后加入 90 mL 水，混匀。

琼脂糖溶液：称取 1 g 琼脂糖，量取 10 mL TBE 电泳缓冲液工作液，加入 90 mL 灭菌水，加热保持溶解状态。

聚丙烯酰胺凝胶：量取丙烯酰胺贮液 8.3 mL，TBE 电泳缓冲液贮液 5 mL，四甲基乙二胺 50～60 μL，溶解于 50 mL 无菌水中，混匀，制板前加过硫酸铵溶液 450 μL，混匀，马上灌胶。此灌胶溶液应现配现用。

除上述试剂外，还需要皂土、十二烷基硫酸钠（SDS）、苯酚、氯仿、乙醇、巯基乙醇。

3. 仪器设备

电泳仪和电泳槽；台式离心机，最高转速 18 000 r/min；微量可调移液器 0～20 μL，20～200 μL，200～1 000 μL；不同规格的量筒、烧杯、容量瓶等；电子天平，量程为 0～100 g，精度为 0.01 mg；酸度计，量程为 0～14，精度为 ±0.01；循环水浴锅，量程为 -10～90 ℃，精度为 ±0.1 ℃；烘箱，量程为 10～200 ℃，精度为 1 ℃。

4. 试样制备

(1) 样品粗提液制备。 取样品 5～10 g（试管苗 5 cm 以上）放入干燥的研钵中，加入液氮进行研磨。研碎后向小研钵中加入 8 mL 核酸提取缓冲液，SDS 约 0.2 g，皂土约 0.2 g，再研磨 6～10 min。向小研钵中加入 100 μL 巯基乙醇，再研磨 6～10 min。加入 10 mL 苯酚，研磨 6～10 min。加入 10 mL 氯仿，再研磨 6～10 min。将研磨好的样品倒入 50 mL 干净的离心管中，用氯仿平衡。高速冷冻离心机 1～4 ℃、6 000～10 000 r/min 离心 20～25 min，用微量可调移液器将上层水相（样品粗提液）转移到另一清洁的离心管中，加入 3 倍体积的 95% 酒精，放入 -20 ℃的冰箱中冷冻，不得少于 2 h。

(2) 核酸提取。 将冷冻的离心管拿出来，用 95% 酒精平衡，然后用高速冷冻离心机 1～4 ℃、10 000 r/min 离心 20 min，倒掉上清液，将离心管倒立放在铺好的干净滤纸上。待水吸干后，向离心管中加 75% 酒精，加入量是离心管容积的 1/3，清洗 10～20 min。用 75% 酒精平衡，用高速冷冻离心机 1～4 ℃、10 000 r/min 离心 10 min，倒掉酒精，将剩余酒精全部挥发。

(3) 试样获得。 将 TBE 电泳缓冲液工作液 200 pL 加到盛有核酸的 50 mL 离心管中进行溶解，然后用微量移液器将其移到 1.5 mL 干净的离心管中，再次用 200 μL TBE 电泳缓冲液工作液进行清洗，将清洗液全部转移到 1.5 mL 离心管中。

5. 测定步骤

（1）制板。取洁净电泳槽，用琼脂糖溶液封底，注入聚丙烯酰胺凝胶，加样梳插入做成泳道。

（2）加样。取核酸提取物 15～20 μL，与 5～10 μL 指示剂混匀，加入样品孔。

（3）正向电泳。加入 TBE 电泳缓冲液工作液，进行从负极到正级电泳，电泳仪电压调到 100～150 V。当示踪染料迁移到凝胶底部时，停止正向电泳。将电泳槽中缓冲液倒掉，把电泳槽置于电热烘箱中 75 ℃变性 15 min，向电泳槽中加入 75 ℃的 TBE 电泳缓冲液工作液。

（4）反向电泳。在烘箱或恒温水浴中进行从正极到负极的反向电泳，电泳仪电压调至 100～200 V，当二甲苯蓝示踪染料带迁移到凝胶板上方跑出水面时停止电泳，取出凝胶片进行染色。

（5）固定。把凝胶片放在置有 400 mL 核酸固定液的培养皿中，轻轻摇荡 10 min，固定 0.5～1 h，然后用 50 mL 注射器吸掉固定液。

（6）染色。向培养皿中加入 400 mL 染色液，轻轻摇荡 10 min，染色 30～60 min，然后吸出染色液（可重复使用）。

（7）漂洗。用蒸馏水清洗凝胶板，以除掉残留的染色液，共冲洗 3 次，每次用水 200～400 mL，每次冲洗 15 s。

（8）显影。加入核酸显影液 200～400 mL，轻轻摇荡，直到核酸带显现清楚为止。

（9）增色。吸出显影液，加入增色液 200～400 mL，增色 5 min 左右。吸掉增色液，显色，拍照。

6. 结果检测计算

与阳性对照相比，相同位置有谱带出现者为阳性。

马铃薯纺锤形块茎类病毒（PSTVd）检出率＝呈阳性反应样品数量/实验室样品数量×100％。

阳性对照（PSTVd 的 RNA）泳道下方约 1/4 处，应有拖后的黑色核酸带。

7. 检测结果判定

各级别种薯马铃薯纺锤形块茎类病毒检出率实测值应为零，否则判定为不合格。

（三）马铃薯环腐病检测方法

1. 技术原理

革兰氏染色时，碱性染料可以穿过细胞壁与细胞原生质的酸性成分起作用，加碘以后形成复合体。革兰氏反应阳性的细菌，它的细胞壁阻止脱色剂对复合体中染料的提取，所以不褪色，镜检呈蓝紫色；革兰氏反应阴性的细菌，由于细胞壁中含有较多的类脂物，可以被脱色剂溶解，因而染料可以被提取而褪色，镜检呈粉红色。马铃薯环腐病病菌为革兰氏阳性菌，革兰氏染色后镜检呈蓝紫色。将革兰氏染色呈阳性的涂片在显微镜高倍镜下观察，马铃薯环腐病病菌为棒状杆菌，通常长为 $0.8～1.2\ \mu m$，宽为 $0.4～0.6\ \mu m$，单个存在，偶尔成双，有时出现 V、L、Y 形连接，即为坏腐病病菌。以此最终判断环腐菌的存在。

2. 试剂

试验所用试剂均为分析纯规格，用水为蒸馏水，个别为无菌水。

结晶紫（又称龙胆紫）染色液：称取结晶紫 2.5 g 溶于少量水中，定容至

1 000 mL。

碳酸氢钠溶液：称取 12.5 g 碳酸氢钠，溶解并定容至 1 000 mL。

碘媒染液：称取 2 g 碘溶解于 10 mL 1 mol/L 氢氧化钠溶液中，加水定容至 100 mL。

脱色剂：量取 25 mL 丙酮，加 95％酒精定容至 100 mL。

碱性品红复染液：取 100 mL 碱性品红 95％酒精饱和液，加水定容至 1 000 mL。

除上述试剂外，还需要 70％酒精溶液，香柏油，二甲苯。

3. 仪器设备

显微照相生物显微镜，放大倍数 40 倍、100 倍、400 倍、1 000 倍；载玻片，酒精灯；容量瓶 100 mL、1 000 mL；移液管 10 mL。

4. 试样制备

所有试验用具都要用 70％酒精擦拭灭菌。

鉴定植株：从地表上方 2 cm 处割断，用镊子从切口挤出汁液，滴 1 滴于载玻片上，风干后用酒精灯火焰烘烤 2～3 次固定。或从切口一端切下 0.5 cm 厚茎秆片段，在小研钵中研磨，吸取 1 滴汁液滴于载玻片上，风干后用酒精灯火焰烘烤 2～3 次固定。

鉴定块茎：切开块茎，如维管束处变色或腐烂，用镊子压挤，滴 1 滴渗出物于载玻片上，加 1 滴无菌水稀释，风干后用酒精灯火焰烘烤 2～3 次固定。如无渗出物，用镊子从维管束附近取出一些碎组织放在载玻片上，加 1 滴无菌水压挤混匀，移掉碎组织，风干后用酒精灯火焰烘烤 2～3 次固定。

5. 测定步骤

(1) 染色。 滴 1 滴结晶紫染色液与碳酸氢钠溶液的等量混合液（现用现配）于载玻片上，染色 20 s。

(2) 媒染。 滴 1 滴碘媒染液于上述玻片上媒染 20 s，滴水洗涤。

(3) 脱色。 脱色剂脱色 5～10 s，滴水洗涤。

(4) 复染。 滴 1 滴碱性品红复染液复染 2～3 s，滴水洗涤，风干。

(5) 镜检。 在 100 倍和 400 倍显微镜下镜检复染后的涂片，呈蓝紫色的为革兰氏阳性反应，呈粉红色的为革兰氏阴性反应，进行显微照相。将革兰氏阳性反应的涂片加 1 滴香柏油于 1 000 倍下镜检，观察菌体形态，测量菌体大小，并进行显微照相。镜检时以已知环腐病病菌的革兰氏染色照片和菌体形态特征照片为对照。

(6) 重复。 将同一试样按以上步骤重复，记录结果。

6. 计算公式

马铃薯环腐病检出率＝镜检带环腐病病菌的样品数量/实验室样品数

量×100%

结果用两次测定的算术平均值的两位有效数表示。

7. 检测结果判定

各级别种薯马铃薯环腐病检出率实测值应为零，否则判定为不合格。

（四）马铃薯青枯病检测方法

1. 技术原理

青枯雷尔氏菌（原称青枯假单胞菌，简称青枯菌）与其特异性免疫抗体结合为抗原抗体复合物，抗原抗体复合物与特异的羊抗兔酶标抗体结合后遇底物引起显色反应，青枯菌数量多，则颜色深，反之则颜色浅，据此检测青枯病。

2. 试剂

试验所用试剂均为分析纯规格，用水为蒸馏水，个别为无菌水。

1%次氯酸钠溶液：称取 10.00 g 次氯酸钠，溶于 1 000 mL 水中。

盐酸溶液：量取 37%盐酸 50 mL，加蒸馏水 50 mL。

TBS 缓冲液：称取三羟甲基氨基甲烷 2.42 g，氯化钠 29.22 g，叠氮钠 0.10 g，溶于无菌水，充分摇匀，用盐酸溶液调 pH 至 7.5，定容至 1 000 mL。

封闭缓冲液：称取 1.29 g 脱脂奶粉，溶于 90 mL TBS 缓冲液中。

抗体溶液：按抗体工作浓度，吸取抗体 RS-IgG（青枯菌的特异性兔抗体），溶于 30 mL 封闭缓冲液中。现用现配。

酶标抗体溶液：按酶标抗体工作浓度，吸取羊抗兔酶标抗体 GAR-IgG，加入 30 mL 封闭缓冲液中，混匀。

洗涤缓冲液（T-TBS）：用微量移液器吸取 250 μL Tween-20 与 500 mL TBS 缓冲液，混合均匀。

底物缓冲液：称取三羟甲基氨基甲烷 1.21 g，氯化钠 0.58 g，氯化镁 0.10 g，溶于 100 mL 蒸馏水中，充分摇匀，逐滴加入盐酸溶液，将 pH 调至 9.6。4 ℃贮存，有效期 120 d。

氮蓝四唑（NBT）溶液：用 800 pL 70%二甲基甲酰胺水溶液溶解 30 mg 氮蓝四唑，摇荡直到完全溶解。4 ℃贮存，有效期 30 d。

5-溴-4-氯-3-吲哚磷酸盐（BCIP）溶液：用 800 μL 100%二甲基甲酰胺溶解 5-溴-4-氯-3-吲哚磷酸盐，摇荡直到完全溶解。4 ℃贮存，有效期 30 d。

二甲基甲酰胺（DMF）具高毒性，并能被皮肤吸收，配制时应戴手套。

提取缓冲液：称取柠檬酸 1.995 g 溶于 1 000 mL 蒸馏水中，边搅拌边缓慢加入柠檬酸钠 11.907 g，pH 调到 5.6，120 ℃下灭菌 20 min。4 ℃贮存。

NBT/BCIP 底物溶液：在最后一次洗涤时临时配制，每张膜底物溶液用量 25 mL。用干净吸管或无菌微量移液器吸取 100 μL NBT 溶液，边摇瓶边滴加进装有 25 mL 底物缓冲液的避光瓶中；用干净吸管或无菌微量移液器吸收 100 pL BCIP 溶液，边摇瓶边滴加到瓶中。

剩余底物缓冲液、NBT 和 BCIP 溶液可分别贮存于 4 ℃备用。但后两者最多贮存 1 个月。底物溶液应在一个黑色的瓶子或包裹着铝箔纸的三角瓶中配制。

基本培养基：称取 10.00 g 蛋白胨，1.0 g 酪蛋白，量取 5 mL 甘油，溶于水中并定容至 1 000 mL。

SMSA 富集培养基：基本培养基高压灭菌后，冷却至 50 ℃，无菌条件下每升加入过滤灭菌的 1% 盐酸多黏菌素 B 溶液 10 mL，1% 放线菌酮溶液 10 mL，1% 杆菌肽溶液 2.5 mL，0.1% 青霉素溶液 500 pL，1% 氯霉素溶液 500 pL，1% 结晶紫溶液 500 μL，1% 的 2，3，5-氯化三苯基四氮唑（TTC）溶液 5 mL，混匀。

3. 仪器设备

冷冻箱，温度范围 $-18 \sim -5$ ℃；生化培养箱，温度范围 $5 \sim 50$ ℃，精度 ± 0.3 ℃；全温振荡培养箱，温度范围 $5 \sim 50$ ℃，振荡频率 $40 \sim 260$ r/min；酸度计，量程为 $0 \sim 14$，精度 ± 0.01；微量移液器 200 μL、1 000 μL；量筒 100 mL、200 mL、1 000 mL。

4. 试样制备

（1）块茎试样制备。 被检块茎用流水冲洗后在次氯酸钠溶液中浸泡 5 min，在干净滤纸上晾干备用。

用火焰消毒后的刀片从块茎顶部切薄片，切取长和宽为 3 mm、深 1 mm 的主要维管束组织（不超过 0.5 g）装入塑料袋称重。称重后的样品袋中加入提取缓冲液，每克样品加入 2 mL，捣碎块茎，样品袋垂直放于碎冰之上（不超过 1 h），上清液即为样品提取液。然后，在 1.5 mL 微量离心管中加入 500 μL SMSA 富集培养基、500 μL 样品提取液。30 ℃下孵育 48 h，每天手摇 2 次。孵育结束后即成为试样，若贮存置于冷冻箱内。

（2）植株的试样制备。 从茎下部（如萎蔫刚开始）或上部（如症状严重）切下 3 cm 组织作为样品，放入试管，加蒸馏水 5 mL，室温下孵育 30 min，浑浊悬浮液即作为试样。

5. 测定步骤

（1）硝酸纤维素膜（NCM）处理。 将硝酸纤维素膜放入 30 mL TBS 缓冲液中浸泡 5 min。不能用手直接接触硝酸纤维素膜，拿取硝酸纤维素膜应用镊子或戴一次性手套，以下同。将两张 Whatman 滤纸（3mm）在 TBS 缓冲液中浸泡后，放在两张干燥的 Whatman 滤纸上。

将硝酸纤维素膜放在湿滤纸上，等待片刻，直到膜表面的液体被完全吸收，在膜上滚动干净无菌的试管，确保膜和滤纸很好的接触，并用铅笔在 NCM 上编号识别。

（2）点样（加测试样品）。 将微量离心管中试样振荡后，沉积片刻，取上清液，点于膜上，每点加试样 20 μL，重复 2 次。每点完一个样品，换一个微量移液器吸头。

（3）封闭。 将处理好的硝酸纤维素膜缓慢放入盛有 30 mL 封闭缓冲液的培养皿中，轻摇状态（50 r/min）下室温孵育 1 h。

（4）与 RS-IgG 结合。 孵育后的膜弃去封闭液，加抗体溶液 30 mL，加盖在轻摇情况（50 r/min）下室温孵育 2 h。

（5）抗原抗体复合物与羊抗兔酶标抗体结合洗涤。 孵育后的膜弃去抗体溶液，在 30 mL T-TBS 缓冲液里洗涤 3 次，每次手工振荡 3 min。弃去最后一次洗涤缓冲液，加入酶标抗体溶液 30 mL，在缓慢振摇（50 r/min）下孵育 1 h。

（6）显色反应。 孵育后的膜弃去酶标抗体溶液，洗涤，方法按上（5）弃去最后一次洗涤液，加入 NBT/BCIP 底物溶液 25 mL，根据阳性对照所表现的紫色，在 5～20 min 内终止反应。

（7）终止反应。 弃去底物溶液，并用流动水充分洗膜终止反应，将膜置于滤纸上干燥，用两张干净滤纸夹住保存。

6. 检测结果计算

显色后 30 min 内，阳性对照应呈深紫色。

阳性反应（与阳性对照紫色一样深）的样品即带马铃薯青枯病。

马铃薯青枯病检出率＝阳性反应样品数量/受检样品数量×100％

结果用两次重复的算术平均值的两位有效数表示。

7. 检测结果判定

各级别脱毒种薯马铃薯青枯病检出率实测值应符合《马铃薯种薯》（GB 18133—2012）的要求，凡不符合原来级别质量标准，但又高于下一级别质量标准者，均按降低一级判定级别。

（五）马铃薯晚疫病检测方法

1. 技术原理

当环境温、湿度适宜时，马铃薯病部的马铃薯晚疫病病菌会长出菌丝和孢子囊，其菌丝无色、无隔，较宽；孢子囊无色透明、单胞、柠檬状、薄壁，大小为（21～38）μm×（12～23）μm，顶部有乳头状突起；孢囊梗节状，各节基部膨大而顶端尖细，顶端产生孢子囊，可根据这些特征进行晚疫病病菌判断。

2. 试剂

1%天青A染色剂（必要时作染色用）：称取1 g天青A染料，溶于100 mL无菌水中，4 ℃贮存。

无菌水、蒸馏水分装在三角瓶中，121 ℃、0.1 MPa灭菌20～30 min，冷却，4 ℃贮存。

70%酒精溶液。

3. 仪器设备

生化培养箱，温度范围5～50 ℃，精度±0.3 ℃；显微照相生物显微镜，放大倍数40倍、100倍、400倍、1 000倍；培养皿（d＝90 mm），玻璃棒（长度小于培养皿内径）；高压灭菌器；解剖针，载玻片，盖玻片，酒精灯，U形玻璃棒。

4. 试样制备

（1）块茎样品的试样制备。将薯块洗净，表面用酒精擦拭后火焰消毒，无菌条件下，将薯块切成片，置于培养皿中U形玻璃棒上，培养皿中倒入少量无菌水，培养箱15～18 ℃，暗培养3～5 d。出现的白色霉状物，即为试样。

（2）马铃薯植株叶、茎样品的试样制备。将马铃薯植物叶、茎样品置于培养箱，15～18 ℃保湿培养1～2 d直接镜检。

5. 测定步骤

用解剖针挑取少许试样（菌丝）置于载玻片上的浮载剂（或蒸馏水）中，加盖玻片，100倍和400倍显微镜下观察病原菌形态特征，拍照并将所见描述记录；镜下测得所见菌丝或孢子囊长、宽等数据（μm）。将以上结果与实验室保存的马铃薯晚疫病病菌阳性对照的照片和数据对比，判断病原菌是否为晚疫病病菌。将同一试样按以上步骤重复，记录结果。

6. 检测结果计算

晚疫病检出率＝镜检的带晚疫病病菌的样品数量/受检样品数量×100%

结果用两次重复算术平均值的两位有效数表示。

7. 检测结果判定

原种和一、二级种薯块茎的晚疫病检出率实测值应符合《马铃薯种薯》（GB 18133—2012）规定，其他级别种薯块茎和一、二级种薯植株的检测只对样品进行晚疫病参数测定，对检测结果不做判定。

（六）马铃薯种薯真实性鉴定方法

马铃薯品种真实性和纯度是种薯质量的重要指标，对马铃薯产量及品质具有直接的影响。因品种真实性和纯度问题造成大幅减产的事件时有发生，严重影响了农业生产。我国目前种子经营主体数量多，市场监管技术和手段落后，

假冒伪劣种子禁而不绝，套牌侵权问题突出，种子市场秩序比较混乱。国务院
《关于加快推进现代农作物种业发展的意见》明确提出，建立手段先进、监管
有力的种子管理体系，严厉打击生产经营假劣种子行为，切实维护公平竞争的
市场秩序。马铃薯种薯真实性鉴定技术为解决这一问题提供了有效的途径，可
以破解管理技术瓶颈。

1. 技术原理

应用 SSR 分子标记技术可以准确地鉴定马铃薯品种的真实性。SSR 分子
标记技术是利用已公布的基因序列信息设计引物和探针，通过外源基因与目标
基因芯片杂交，在同一个芯片中检测到外源目标基因。最终达到对马铃薯种薯
质量进行分析、鉴定，以判断其优劣的目的。

2. 仪器设备

梯度 PCR 仪；低温高速离心机；电泳仪（满足 3 000 V 稳压）及配套电泳
槽；凝胶成像分析系统；冰箱（−28～4 ℃）；紫外/可见分光光度计；电热恒
温水浴锅（37 ℃、42 ℃、65 ℃ 和 95 ℃）；制冰机；涡旋仪；高压灭菌器；液
氮罐；酸度计（pH 计）；脱色摇床；微量移液器（0.5～10 μL、10～100 μL、
100～1 000 μL）及配套的枪头；PCR 管、量筒（100～1 000 mL），1.5 mL 离
心管和配套的研磨棒。

3. 试剂

（1）常用贮备液见表 6-3 至表 6-7。

表 6-3　1.0 mol/L 三羟甲基氨基甲烷盐酸贮备液

（Tris-HCl 贮备液）（pH 8.0，1 000 mL）

成分	用量	备注
三羟甲基氨基甲烷	121.1 g	
灭菌双蒸水（ddH₂O）	800 mL	
37% 浓盐酸	42 mL	用约 42 mL 浓盐酸调节 pH 至 8.0
最终体积	1 000 mL	用 ddH₂O 定容至 1 000 mL，灭菌后，室温保存

表 6-4　0.5 mol/L 乙二胺四乙酸贮备液（EDTA 贮备液）（pH 8.0，1 000 mL）

成分	用量	备注
乙二胺四乙酸二钠	186.1 g	
灭菌双蒸水	700 mL	
10 mol/L 氢氧化钠	50 mL	用约 50 mL 氢氧化钠调节 pH 至 8.0
最终体积	1 000 mL	用 ddH₂O 定容至 1 000 mL，灭菌后，室温保存

表 6-5　10 倍 TBE 缓冲液（10×TBE 缓冲液）（pH 8.0，1 000 mL）

成分	用量	备注
Tris	108 g	
硼酸	55 g	
0.5 mol/L EDTA（pH 8.0）	37.25 mL	
灭菌双蒸水	800 mL	
最终体积	1 000 mL	用 ddH$_2$O 定容至 1 000 mL，灭菌后，室温保存

表 6-6　上样缓冲液（50 mL）

成分	用量	备注
98%甲酰胺	47 mL	
0.2 mol/L EDTA（pH 8.0）	2.5 mL	
溴酚蓝	0.25 g	也可用 5 mL ddH$_2$O 溶解后，按需要量加入
二甲苯青	0.25 g	
最终体积	50 mL	4 ℃冰箱保存

表 6-7　10 mg/mL 硫代硫酸钠贮备液（100 mL）

成分	用量	备注
硫代硫酸钠	1 g	
灭菌双蒸水	100 mL	
最终体积	100 mL	4 ℃冰箱保存

（2）DNA 提取试剂见表 6-8 至表 6-10。

表 6-8　两倍 CTAB 缓冲液（2×CTAB 缓冲液，pH 8.0，1 000 mL）

成分	用量	备注
1.0 mol/L Tris-HCl（pH 8.0）	100 mL	
0.5 mol/L EDTA（pH 8.0）	40 mL	
氯化钠	81.82 g	加入 600 mL ddH$_2$O 加热搅拌
十六烷基三甲基溴化铵（CTAB）	20 g	
聚乙烯吡咯烷酮（PVP）	2 g	
灭菌双蒸水		
最终体积	1 000 mL	用 ddH$_2$O 定容至 1 000 mL，灭菌后，室温保存

表 6-9　三氯甲烷：异戊醇混合液（24∶1，100 mL）

成分	用量	备注
三氯甲烷	96 mL	
异戊醇	4 mL	
最终体积	100 mL	临时配制

表 6-10　10 倍 TE 缓冲液（10×TE 缓冲液，pH 8.0，1 000 mL）

成分	用量	备注
1.0 mol/L Tris-HCl（pH 8.0）	100 mL	
0.5 mol/L EDTA（pH 8.0）	20 mL	
灭菌双蒸水	800 mL	
最终体积	1 000 mL	用 ddH_2O 定容至 1 000 mL，灭菌后，室温保存

（3）变性聚丙烯酰胺凝胶电泳试剂见表 6-11 至表 6-15。

表 6-11　12%剥离硅烷溶液（500 mL）

成分	用量	备注
剥离硅烷	10 mL	
三氯甲烷	490 mL	
最终体积	500 mL	室温保存

表 6-12　亲和硅烷溶液

成分	用量	备注
无水乙醇	3 mL	
亲和硅烷	10 μL	
冰乙酸	10 μL	
最终体积	3.02 mL	现配现用，约一块玻板的用量

表 6-13　6.0%变性聚丙烯酰胺贮备液Ⅰ（1 000 mL）

成分	用量	备注
丙烯酰胺	57 g	用 300 mL ddH_2O 加热溶解
甲叉双丙烯酰胺	3 g	用 50 mL ddH_2O 溶解
尿素	420 g	用 500 mL ddH_2O 溶解
10×TBE	50 mL	
灭菌双蒸水		
最终体积	1 000 mL	用 ddH_2O 定容至 1 000 mL，过滤至铝箔纸包裹的棕色瓶中，4 ℃冰箱保存

表 6-14　10%过硫酸铵贮备液（10 mL）

成分	用量	备注
过硫酸铵	1 g	
灭菌双蒸水	10 mL	
最终体积	10 mL	分装后−20 ℃保存，解冻使用

表 6-15　6.0%变性聚丙烯酰胺贮备液Ⅱ

成分	用量	备注
6.0%变性聚丙烯酰胺贮备液	60 mL	平衡至室温后，加入四甲基乙二胺和过硫酸铵
四甲基乙二胺	60 μL	
10%过硫酸铵	300 μL	

（4）银染试剂见表 6-16 至表 6-18。

表 6-16　固定/脱色液（2 000 mL）

成分	用量	备注
冰乙酸	200 mL	
灭菌双蒸水	1 800 mL	
最终体积	2 000 mL	临时配制

表 6-17　硝酸银染色液（2 000 mL）

成分	用量	备注
硝酸银	2 g	
37%甲醛	3 mL	
灭菌双蒸水		
最终体积	2 000 mL	用 ddH$_2$O 定容至 2 000 mL，室温保存

表 6-18　显影液（2 000 mL）

成分	用量	备注
无水碳酸钠	30 g	用前 5 h 用 ddH$_2$O 溶解，4 ℃冰箱保存
37%甲醛	3 mL	
10 ng/mL 硫代硫酸钠	400 μL	用前 5 min 加入甲醛
灭菌双蒸水		
最终体积	2 000 mL	用 ddH$_2$O 定容至 2 000 mL，临时配制，4 ℃冰箱保存

（5）SSR 标记引物见表 6-19。

表 6-19　SSR 标记引物

引物名称	SSR 基序	引物序列(5'→3')	退火温度(℃)	染色体	预期产物(bp)	标记位点/基因
STM1049	(ATA)6	F:CTACCAGTTTGTTGATTGTGGTG R:AGGGACTTTAATTTGTTGGACG	57	I	184～254	STWIN12G 或 S023
STM2022	(CAA)…(CAA)3	F:GCGTCAGCGATTTCAGTACTA R:TTCAGTCAACTCCTGTTGCG	53	II	184～244	C112
STM1053	(TA)4(ATC)5	F:TCTCCCCATCTTAATGTTTC R:CAACACAGCATSCAGA TCATC	53	III	168～184	STHMGR3
STM3023a	(GA)9(GA)8(GA)4	F:AAGCTGTTACTTGATTGCTGC R:GTTCTGGCATTTCCATCTAGAGA	50	IV	169～201	2A11
STPOAC58	(TA)13	F:TTGATGAAAGGAATGCAGCTTGTG R:ACGTTAAAGAAGTGAGAGTACGAC	57	V	203～277	POAC58
STM0019a	(AT)7(GT)10(AT)4(GT)5(GC)4(GT)4	F:AATAGGTGTACTGACTCTCAATG R:TTGAAGTAAAAGTCCTAGTATGTG	47	VI	155～241	PAC33
STM2013	(TCTA)6	F:TTCGGAATTACCCTCTGCC R:AAAAAAAGAACGCGCACG	55	VII	146～172	C337
STM1104	(TCT)5	F:TGATTCTCTTGCCTACTGTAATCG R:CAAAGTGGTGTGAAGCTGTG	57	VIII	164～185	STWAXYG28 或 S066
STM3012	(CT)4(CT)8	F:CAACTCAAACCAG AAGGCAAA R:GAGAAATGGGCACAAAAAACA	57	IX	168～213	61D9
STM1106	(ATT)13	F:TCCAGCTGATTGGTTAGGTTG R:ATGCGAATCTACTCGTCATGG	55	X	131～197	STINV141
STM0037	(TC)5(AC)6AA(AC)7(AT)4	F:AATTTAACTTAGAAGATTAGTCTC R:ATTTGGTTGGGTATGATA	53	XI	75～125	PAC62
STM0030	Compound (GT/GC)(GT)8	F:AGAGATCGATGTAAAACACGT R:GTGGCATTTTGATGGATT	53	XII	122～191	PAC05

　　除上述试剂外，还需 Taq DNA 聚合酶和配套的 PCR 缓冲液；DNA Marker（50 bp、100 bp、150 bp、200 bp、250 bp、300 bp、350 bp、400 bp、500 bp）；无 DNA 酶的 RNA 酶 A（10 mg/mL）；巯基乙醇；四甲基乙二胺；

异丙醇；酒精（70%、90%、95%）；灭菌双蒸水。

4. 供试材料

（1）取样。 按照《马铃薯种薯》（GB 18133—2012）要求的方法，采集大田植株或块茎作为检测样品。

（2）样品保存。 选取适量样品，装入冻存管，液氮速冻，置冰箱（−20 ℃以下）中保存备用（有效保存期约 6 个月）。

5. 程序

（1）总 DNA 提取。 称取 100 mg 样品，置于预冷 1.5 mL 离心管中，液氮冷冻下迅速研磨成细粉。依次加入 700 μL 的 2×CTAB 缓冲液和 2 μL 的巯基乙醇，涡旋混匀。

置 65 ℃水浴 1 h，其间每隔 10 min 摇动混匀 1 次。

冰上冷却约 10 min 后，加入 700 μL 的三氯甲烷：异戊醇（24∶1）混合液，涡旋混合，轻缓颠倒混匀数次。12 000 r/min 离心 5 min。

吸取上层水相置于新 1.5 mL 离心管中，加入等体积（400 μL～500 μL）的预冷异丙醇。轻缓颠倒混匀，4 ℃冰箱静置 30 min 后，12 000 r/min 离心 15 min。

弃上清液。向离心管中加入 70%酒精 1.0 mL，静置 3 min 后，12 000 r/min 离心 20 min。小心倒出 70%酒精，再加入 90%酒精 1.0 mL，静置 5 min 后，12 000 r/min 离心 10 min，小心倒去酒精。在干净的吸水纸上倒置离心管，自然干燥 15 min。晾干的 DNA 应为透明状。

加入 100 μL 的 1×TE 缓冲液（将 10×TE 缓冲液稀释 10 倍并灭菌）溶解 DNA，再加入 2 μL 的无 DNA 酶的 RNA 酶 A（10 mg/mL），37 ℃温浴 1 h 去除 RNA。4 ℃冰箱放置备用。

取 DNA 提取液 1～5 μL 置于新的 1.5 mL 离心管中，加入 1×TE 缓冲液稀释至 1.0 mL，混匀后转入石英比色皿中，用紫外/可见分光光度计测定 OD_{260} 和 OD_{280}。按下式计算提取液中 DNA 浓度，并检测质量（OD_{260}/OD_{280} 值为 1.8～1.9 表明纯度较高）。

$$ds\,DNA = OD_{260} \times t \times 50/1\,000$$

式中：$ds\,DNA$——双链 DNA 分子的含量，单位为微克每毫升（μg/mL）；

$\quad\quad OD_{260}$——260 nm 下的光密度值；

$\quad\quad t$——稀释倍数。

用 1×TE 缓冲液将所提取的总 DNA 稀释为 50 ng/μL，根据每次用量分装，置−20 ℃冰箱保存备用。

（2）PCR 反应。
PCR 反应体系：在冰盘中或 4 ℃条件下按表 6-20 所列成分和用量，依次加入 PCR 管，准备 PCR 反应体系。

表 6-20　PCR 反应体系（供 1 个样品、1 对 SSR 引物检测，25 μL）

成分	用量（μL）
ddH$_2$O	16.1
10×PCR 缓冲液	2.5
dNTPs（2.5 mmol/L）	2.0
正向引物（10 mmol/L）	1.0
反向引物（10 mmol/L）	1.0
Taq DNA 聚合酶（2.5 U/μL）	0.4
DNA 模板（50 ng/μL）	2.0
总体积	25.0

反应程序：按表 6-21 程序设置 PCR 反应流程。

表 6-21　PCR 反应程序

反应程序	时间	备　注
94 ℃预变性	5 min	
94 ℃变性	1 min	
55 ℃退火	1 min	不同 SSR 引物所需的退火温度不同
72 ℃延伸	1 min	
循环次数	35 次	变性→退火→延伸反应循环次数
72 ℃延伸	5 min	
4 ℃终止反应		

PCR 产物变性处理：PCR 反应结束后，于 25 μL 的反应体系中加入 7.0 μL 的上样缓冲液，95 ℃水浴变性处理。5 min 后，立即转入冰浴冷却，备用。

（3）变性聚丙烯酰胺凝胶电泳。

电泳玻璃板清洗：用洗涤剂仔细清洗电泳玻璃板（长板和短板），自来水漂洗干净，再用蒸馏水冲洗，倾斜放置滤干水分，最后用 95％酒精冲洗，并空置晾干。使用之前，再次用无水乙醇将玻璃板擦拭干净。

洗板时，长板和短板分别单独清洗，以避免相互污染。

电泳板处理：短板用镜头纸蘸取适量 2％剥离硅烷溶液，均匀地涂布在短板上；5～10 min 后，喷施数毫升 95％酒精，用干净的镜头纸擦去多余的 2％剥离硅烷；空置约 20 min，晾干。长板更换新手套，用镜头纸蘸取适量亲和硅烷溶液，均匀涂布在长板上；4～5 min 后，用镜头纸蘸取 95％酒精沿一定方向轻轻地擦拭；此后，再用 95％酒精沿着与前次操作方向相垂直的方向轻轻地擦拭，如此擦洗 3 次，以去除多余的亲和硅烷；空置约 20 min，晾干。

剥离硅烷和亲和硅烷均有剧毒，涂板处理时，需戴塑胶手套操作，避免两种溶液相互污染。剥离硅烷溶液处理的目的是使短板容易与凝胶分离；亲和硅烷溶液处理的目的是使聚丙烯酰胺凝胶能很好地附着在长板上面，不易剥离。

胶槽装配：将长板、短板和压条装配好，周边用胶带密封，用夹子夹紧，插入合适的梳子，以方便灌胶的倾斜角度放置在安全支架上。

灌胶：取 6.0% 变性聚丙烯酰胺贮备液 60 mL，加入 10% 过硫酸铵贮备液 300 μL，四甲基乙二胺 60 L，轻轻混匀。轻缓抽出梳子，沿压条边缘轻缓地将混匀的凝胶溶液注入胶槽中，及时清除可能出现的气泡后，重新将梳子插入至适当位置。将胶板调至水平位置，室温下（20～25 ℃）放置 2 h 以上，以便凝胶完全凝固。

预电泳：待凝胶完全凝固后，小心拔出梳子，并用 1×TBE 缓冲液清洗和整理样品槽。去掉密封胶带，用吸水纸将玻璃板擦干，以防电泳时短路。将凝胶板装到电泳槽中，加入电泳缓冲液（1×TBE 缓冲液），清除样品槽中的气泡，接通电源，以 70 W 的恒定功率预电泳 30 min。

电泳：预电泳结束后，用 1×TBE 缓冲液仔细清洗和整理样品槽，去除预电泳扩散出的尿素。根据检测样品数量，分别于每个样品槽中加入已经变性处理的 PCR 产物 6～8 μL；并在凝胶板的一侧或适当位置的样品槽中加入 4 μL 的 DNA Marker。以 70 W 恒定功率电泳 2～3 h，或电泳至上样缓冲液中示踪染料的第一条带迁移至凝胶板底端为止。

（4）银染。

固定/脱色：从电泳槽中取出胶槽，轻轻取下短板，将附着胶板的长板放入装有适量固定/脱色液的塑料方盒中，轻轻摇动 20～30 min，至凝胶板上示踪染料的色带全部褪去为止。

漂洗：将凝胶板转入 ddH$_2$O 中漂洗 2～3 次，每次 2 min。取出凝胶板，滤去水分。

染色：将凝胶板转入硝酸银染色液中染色 30 min。

水洗：在 ddH$_2$O 中迅速漂洗 5～6 s。

显影：将凝胶板迅速转入预冷至 4 ℃ 的显影液中，轻轻摇动至凝胶板上预期产物条带清晰为止。

定影：待影像清晰后，将凝胶板迅速转入固定/脱色液中，停止显影。定影 3～5 min。

漂洗：将凝胶板迅速转入 ddH$_2$O 中漂洗 2 次，每次 5 min。

成像：在白色透射光背景上观察和记录电泳结果，数码拍照；或用凝胶成像分析系统扫描记录和拍照。

6. 结果记录和分析

（1）SSR 标记结果记录。参照 DNA Marker 电泳结果或扫描结果，根据每对 SSR 引物从检测样品中扩增出的条带数及其分子量大小，按有对应条带记录为"1"，无对应条带记录为"0"的方法，仔细记录每对 SSR 引物的 PCR 扩增结果。建立 SSR 引物、检测样品及有无（1/0）对应扩增条带的数据库。

（2）SSR 标记结果分析。利用相关统计分析软件，根据 Nei（1973）的遗传相似系数，按下式计算检测样品间的遗传相似性水平。采用非加权组平均法进行聚类分析；绘制聚类分析结果图，显示 SSR 标记分析的直观结果。

$$GS = 2N_{ij} / (N_i + N_j) \times 100\%$$

式中：GS——遗传相似系数，%；

$\qquad N_i$——第 i 个样品的扩增条带数；

$\qquad N_j$——第 j 个样品的扩增条带数；

$\qquad N_{ij}$——第 i 个样品和第 j 个样品共有的扩增条带数。

7. 鉴定结果判定

（1）种薯真实性鉴定。直接比较待测品种与标准品种样品的标记分析结果，如在《马铃薯种薯真实性和纯度鉴定 SSR 分子标记》（GB/T 28660—2012）标准要求的 12 个 SSR 标记位点上，待测品种样品与标准品种样品之间不存在多态性条带，则判定为同一品种；如存在多态性条带，则判定为不同的品种。或根据聚类分析结果，如待测品种与标准品种样品间无 100% 的遗传相似性，则判定为不同样品，即判定为不同的品种。

（2）种薯纯度检测。根据聚类分析结果，如在《马铃薯种薯真实性和纯度鉴定 SSR 分子标记》（GB/T 28660—2012）标准要求的 12 个 SSR 标记位点上，所有检测样品间的遗传相似性为 100%，则判定为相同样品，即种薯纯度（P）为 100%。如达不到 100% 的遗传相似性水平，则根据有差异的检测样品数量（S）占总抽样检测样品数量（T）的百分比来判定种薯纯度。计算下式：

$$P = (1 - S/T) \times 100\%$$

式中：P——种薯纯度，%；

$\qquad S$——有差异的检测样品数量；

$\qquad T$——总抽样检测样品数量。

马铃薯种薯种苗收获、包装、运输及贮藏技术

一、马铃薯种薯收获技术

（一）马铃薯成熟的标志

马铃薯块茎的成熟与植株的生长密切相关，一般在生理成熟期收获时产量高。生理成熟的特点：①马铃薯植株叶片的叶色逐渐变黄，最后变干枯，这一时期茎叶中养分停止向块茎输送。②薯块的脐部与连接的匍匐茎极易脱落。③薯块的表皮老化，韧性较大，皮层较厚。

（二）马铃薯的收获期

马铃薯叶片变黄达到生理成熟状态时，就要及时收获。马铃薯生理成熟的标志是大部分植株的茎叶由绿变黄而枯干，匍匐茎干缩，极易与块茎分离。薯块的表皮形成较厚的木质层，薯块淀粉积累和薯块重量增加停止。若在此时收获，产量达到最大值。马铃薯是具有比较优势的粮菜兼用型作物，有时提早收获会产生较高的经济效益。因此，收获时间不一定要在成熟期进行，应综合考虑当地的气候条件、种植目的、品种特性和市场价格确定具体的收获时间。如果收获过早，块茎尚未成熟，干物质积累少，产量低，薯皮容易损伤，商品性降低，不适宜于贮藏和加工；若收获过晚，增加了病虫的侵染概率，易受冻害，品质降低，影响贮藏。

马铃薯收获时间要注意以下几点：①食用薯和原料薯生产应考虑在生理成熟时收获，尽量争取最高产量和成熟的块茎。②商品薯生产在块茎已达到市场要求时收获，此时因市场上马铃薯缺乏，使其价格增高，应提早收获。③种薯生产应提前收获，以减少病毒、真菌和细菌侵染，提高种用价值。④准备轮作安排下茬作物播种的，要提早收获。⑤无霜期较短的地区种植的晚熟品种，在霜期来临时茎叶仍为绿色，在初霜期后要及时收获。⑥在地势低洼的地块生产马铃薯，为避免涝灾，要在雨季来临前提早收获。

(三）收获方法

马铃薯收获方法的不同，直接影响到产量、品质、经济效益和安全贮藏，所以要做好收获前的准备，安排好收获过程中的每个环节，保证商品薯和种薯的质量和外观，争取最大效益。

1. 收获前的准备

马铃薯收获前，要对收获机械进行检修，清洁并消毒贮藏场所，准备网袋、周转箱、篷布等物资。收获前 7～10 d 用机械打秧或采取化学杀秧，促进薯块表皮老化，以减少收获时薯块的机械损伤。如果晚疫病危害严重，则割秧时间应提前。

2. 收获方式

马铃薯的收获方式分为机械收获和人工收获。传统的人工收获多使用镢头、铁锹收挖及畜力耕翻等方式，适用于种植面积较小的种植户，人工收获劳动强度大，实施率高，效率低下。机械收获适用于地势平坦以及种植面积大的地区使用。马铃薯收获机械种类繁多，应根据种植区域、面积选择适当的机械。收获时合理配备收获作业的捡拾薯块和装袋人员，做到挖掘深度适宜，薯块和泥土要分离干净，薯块损伤率低，收获干净。

3. 收获后处理

马铃薯收获后的捡拾、装卸和运输，要避免薯块机械损伤和破皮。商品薯不能露地晾晒，更不能用感病植株遮盖。薯块要防止雨淋，防止发热和薯皮变绿。种薯可以在地里遮阴堆放几天，然后精选优良种薯运回贮藏。

二、马铃薯种薯种苗的分拣、包装及运输技术

马铃薯种薯种苗的包装、运输应遵循国家种子管理法关于包装、运输的规定执行，并且要本着保护好薯块（组培苗）不受损伤、方便运输和装卸、既经济又耐用的原则。

（一）马铃薯组培苗的包装、运输及临时保存技术

当马铃薯组培苗在生根培养基上长有 3 条以上根须，苗高 7～8 cm，且叶色浓绿、生长健壮时，灯光培养的组培苗要将培养瓶从培养室中取出，打开瓶盖，置于室内或 95％遮光度的大棚内炼苗 5～7 d，从培养瓶（盒）中掏出组培苗；全日光培养的直接打开培养瓶（盒）掏出组培苗。然后，用清水洗干净组培苗根部残余培养基，包装、运送到目的地，等待移栽。

1. 组培苗的包装

（1）组培瓶（盒）苗包装。 组培苗仍保留在培养瓶（盒）中，将培养瓶（盒）放在厚纸箱或泡沫箱里，箱体外再用塑料胶带包扎。

（2）清洗掉培养基的组培苗的包装。 将生根组培苗洗去琼脂后，每 200 株用湿报纸将根部以上 2/3 处包成一把，植株顶部外露，将扎成把的种苗对向码放于塑料箱或有塑料膜包被的纸箱内，短途（3～5 h）运输箱体内水平放置 3～4 层，放置的高度不要超过 35 cm。长途运输（10～24 h）箱体内竖立放置 2～3 层，根部向下，包装箱体高度不超过 25 cm，并设有透气孔。

2. 包装箱体的标识

每个种苗外包装箱上应有清晰、防水的标识，标识的内容为品种名称、产地、种薯（种苗）经营许可证编号、质量指标、检疫证明编号、生产年月、生产单位名称、生产单位地址以及联系方式。

3. 组培苗的运输

装运时，装有组培苗的箱体应有序码放，不能过度挤压，随意堆放。装运的车厢应具备防风、防晒、防雨措施。跨县级行政区域向外调运时，应按有关规定办理出运手续。

4. 定植组培苗的保存

组培苗运送到目的地后，要及时取出，将组培苗集中竖立放置在具有保湿作用的麻袋、棉毯或椰糠等基质上，喷水并用地膜覆盖，注意遮阴和浇水。应在 2～3 d 内定植到原原种生产网棚或温室中。如不能及时定植的，应进行假植。

（二）马铃薯原原种（微型薯）分级、包装及入库技术

1. 分级场地消毒

分级时首先将场地打扫干净，然后喷洒 50% 多菌灵可湿性粉剂 800 倍液和 70% 代森锰锌 700 倍液进行场地消毒。铺上一层网纱，将分级筛置于上面，用同样方法对尼龙网纱和分级筛再消毒 1 次，即可开始分级。

2. 原原种分级

将收获的原原种预贮藏 10～15 d 后，待其表皮失水木质化，即可分级。马铃薯原原种粒径一般在 0.3～5.0 cm，因此设计孔径为 0.5 cm、0.8 cm、1.3 cm、2 cm、3 cm 和 4 cm 的自动筛选机，滚管距离按照由小到大自上而下排列。

将预贮藏后的原原种倒入分级筛后摇动过筛，便分离出粒径不同的各级别原原种，级别如下。

Ⅰ级（4X）：粒径＞4 cm。

Ⅱ级（3X）：3 cm＜粒径≤4 cm。

Ⅲ级（2X）：2 cm＜粒径≤3 cm。

Ⅳ级（1.5X）：1.3 cm＜粒径≤2 cm。

Ⅴ级（X）：0.8 cm＜粒径≤1.3 cm。

Ⅵ级（0.5X）：0.5 cm＜粒径≤0.8 cm。

Ⅶ级（米粒）：粒径≤0.5 cm。

将各级别中的碰伤、腐烂和带病薯块拣除，分别装入不同网袋，网袋必须双层，然后挂2个标签分别标注品种和级别。

3. 原原种数量统计

主要是统计各个级别的袋数与数量。可用原原种数粒仪统计数量；也可随机抽取不同级别的马铃薯3袋，每袋取1 kg原原种，点数粒数，然后求平均值，再称量该级别所有原原种薯块，该级别原原种总数量为抽样数量（粒/kg）×该级别总重（kg）。

4. 带病原原种处理

原原种中黑痣病、粉痂病及疮痂病薯块感病率小于1％时，将病薯拣除，晾晒5～7 d，然后用多菌灵＋嘧菌酯混合粉剂（1∶1）拌种，用药量为种薯量的0.1％。若黑痣病、粉痂病及疮痂病薯块感病率大于1％，在进行杀菌处理后，降级成原种或淘汰。

5. 原原种包装、入库

原原种进行销售前要进行标准化包装。各级别的原原种，按一定数量装入网袋内，一般为200粒、500粒、1 000粒包装，然后装入正规种薯标签，标注品种名称、级别、产地、数量和收获日期等相关信息，实行一个品种一种颜色的包装袋，一袋一标签。如果原原种在冬季运输，要用草帘或棉被等覆盖保温，以防种薯在运输过程中冻伤。

原原种窖藏中要减少种薯混杂，在入窖时，将Ⅰ级（4X）置于最底层，依次往上，Ⅶ级于最顶层，每层之间用不同颜色网袋隔开，便于区分，层数最多6层。也可以用储物架分层放置。不同品种间分码垛整理，并在各个品种的堆垛上方用标签标注清楚。

（三）马铃薯种薯的分拣、包装及运输技术

为了规范马铃薯脱毒原种及一、二级良种等种薯的分拣、包装和运输技术，确保种薯质量，降低损耗，依据生产实际制订以下技术规程。

1. 马铃薯种薯的分拣标准

对于刚收获的或经过漫长冬季贮藏的马铃薯种薯，分拣要满足以下要求，进行定量包装。

单个薯块 50 g 以上；薯块没有龟裂及豁口；薯块无奇形怪状；薯块没有被犁破损及不是半块；薯块没有带病腐烂；薯块没有害虫及牲畜啃食痕迹；薯块收获运输中没有摔碰开裂；薯块没有黑痣、疮痂和粉痂病斑；薯块携带泥土要少；薯块收挖时没有淋湿及冻烂。

2. 马铃薯种薯的包装

（1）包装工具的选择。 马铃薯种薯的包装工具选择的原则是既便于保护薯块不受损伤，装卸方便，又要符合经济耐用的要求。适合马铃薯运输包装的有尼龙袋、网袋和塑料筐等。

尼龙袋的优点是坚固耐用，装卸方便，使用寿命较网袋长，容量小，能清楚看到种薯的状态，可以多次重复使用。缺点是皮薄质软，抗机械损伤能力差，重复使用容易传播马铃薯（种传）病毒，价格较网袋高。

网袋的优点是透气性好，和尼龙袋一样能清楚看到种薯的状态，装卸方便，且价格便宜。缺点是太薄太通透，易造成种薯损伤。

塑料筐的优点是透气性好，薯块不易损伤，装卸、运输方便。缺点是成本高。

综合目前马铃薯种薯市场，除原原种部分生产单位用尼龙袋包装外，绝大多数种薯生产单位采用塑料编织网袋包装的方法贮藏、运输马铃薯种薯。

（2）马铃薯塑料编织网袋包装方法。 马铃薯种薯的包装采用塑料编织网袋，网袋规格为 45 cm×85 cm，每袋净重 35 kg。对于定装好的种薯包装袋，每袋内挂标签牌一个，标签牌内容为品种名称、种薯级别、生产单位、生产年份、联系电话。

同时，对于包装好的种薯加强贮藏温度管理，通过早晚开启门窗和通风孔，向窖内输入冷气，降低窖内温度，抑制种薯过早发芽，保证种薯质量。

3. 马铃薯种薯的预贮藏管理

马铃薯种薯收获入库或调运前要在通风条件较好的开阔场地进行预贮，完成生理后熟过程及水分、热量散发后入库窖藏或准备装车运输。种薯搬运时要轻拿轻放，避免人为损伤；预贮的薯堆不得超 6 层，高不超 1.5 m；以品种为存放单元，悬挂标签牌，注明品种名称、级别、数量、预贮藏时间。

（四）马铃薯种薯运输

马铃薯属于鲜活货物，对外界条件反应敏感，冷了容易受冻，热了容易发芽，干燥了薯块容易失水变软，易受压变扁，潮湿了薯块容易腐烂，破伤容易感染。同时，马铃薯种薯在运输装卸过程中极易受到碰伤、挤压等机械损害而引起薯皮破损，加之包装不当引起块茎失水，造成种薯皱缩、发生病害、腐烂、发芽率降低，使种薯质量下降，严重影响马铃薯种薯的价值和市场销路。

因此，长途运输的时期、工具、装卸等都很有讲究。

（1）安全运输期。 自马铃薯块茎收获之时至气温下降到 0 ℃，这段时间马铃薯处于休眠状态，运输最为安全。

（2）次安全运输期。 气温从 0 ℃升到 10 ℃左右时，这时块茎已渡过休眠期，马铃薯容易出芽，所以运输时间不能太长。

（3）运输工具。 火车运输时，薯块堆积高度以 1.6 m 以下为宜。也可用汽车或其他工具运输，运输过程中要定时查看，保持原包装完好无损，尽量避免损失。

（4）建立马铃薯种薯物流运输系统。 马铃薯贮运过程中装卸、碰撞和挤压易对商品薯造成机械损伤，因此，构建适合不同种薯区域的马铃薯种薯物流运输体系，改善物流运输企业的组织模式，运用科技手段完善硬件设施设备，实现智能机械化装卸，完善相关政策法规与服务标准，从收获到装车再到入库的整个技术过程实现马铃薯种薯贮运保鲜的科学化管理，实行物流运输一体化，可降低运输成本，显著提高贮运保鲜效果和经济效益。

三、马铃薯种苗及试管薯保存技术

（一）马铃薯种苗的保存技术

不同马铃薯品种脱毒组培苗保存是脱毒种薯繁育的重要物质基础，有效的保存方法可为马铃薯品种资源的利用提供重要保障。

1. 利用植物生长延缓剂保存脱毒试管苗

（1）利用甘露醇保存马铃薯脱毒试管苗。

培养基配置：培养基采用 MS 培养基，添加 20 g/L 甘露醇、30 g/L 蔗糖、0.5％琼脂，用 NaOH 调节 pH 至 5.8～6.0。每个培养瓶分装 50 mL，121 ℃高温高压灭菌 20 min 备用。

培养条件：温度（20±2）℃，光照强度 2 000 lx，光照时间 14 h/d。

保存时间：保存时间为 3～9 个月。

（2）利用聚乙二醇保存马铃薯脱毒试管苗。

培养基配置：培养基采用 MS 培养基，添加 40 g/L 聚乙二醇 6000（PEG 6000）、30 g/L 蔗糖、0.5％琼脂，用 NaOH 调节 pH 至 5.8～6.0。每个培养瓶分装 50 mL，121 ℃高温高压灭菌 20 min 备用。

培养条件：温度（20±2）℃，光照强度 2 000 lx，光照时间 14 h/d。

保存时间：保存时间为 90 d。

（3）利用山梨醇保存马铃薯脱毒试管苗。

培养基配置：培养基采用 MS 培养基，添加 4 g/L 山梨醇、30 g/L 蔗糖、0.5％琼脂，用 NaOH 调节 pH 至 5.8～6.0。每个培养瓶分装 50 mL，121 ℃

高温高压灭菌 20 min 备用。

培养条件：温度 10 ℃，光照强度 2 000 lx，光照时间 14 h/d。

保存时间：保存时间为 1 年。

（4）利用矮壮素保存马铃薯脱毒试管苗。

培养基配置：培养基采用 MS 培养基，添加 1 200 mg/L 矮壮素、30 g/L 蔗糖、0.5％琼脂，用 NaOH 调节 pH 至 5.8～6.0。每个培养瓶分装 50 mL，121 ℃高温高压灭菌 20 min 备用。

培养条件：温度 25 ℃，湿度 80％，光照强度 2 500 lx，光照时间 14 h/d。

保存时间：保存时间为 300 d。

（5）利用多效唑保存马铃薯脱毒试管苗。

培养基配置：培养基采用 MS 培养基，添加 4.8 mg/L 多效唑、30 g/L 蔗糖、0.5％琼脂，用 NaOH 调 pH 至 5.8～6.0。每个培养瓶分装 50 mL，121 ℃高温高压灭菌 20 min 备用。

培养条件：温度（20±2）℃，光照强度 2 000 lx，光照时间 14 h/d。

保存时间：保存时间为 2 个月。

2. 利用超低温保存马铃薯脱毒茎尖

（1）预培养。取马铃薯脱毒试管苗，剪切带 1～2 片叶片的茎段在 MS 固体培养基上扩繁。然后将继代培养 20 d 左右的试管苗置于 4 ℃条件下低温锻炼 2 周，无菌条件下剥取带有叶原基的茎尖分生组织 2～3 mm 接种于附加蔗糖的 MS 培养基中预培养 1～5 d。

（2）装载和玻璃化液处理。将预培养的茎尖用 MS＋0.4 mol/L 蔗糖＋2 mol/L 甘油溶液装载 20 min 后转入冰冻保护剂 PVS2（30％甘油＋15％乙二醇＋15％ DMSO＋0.4 mol/L 蔗糖）中，在 0 ℃条件下处理 30 min，然后将茎尖转移至盛有新鲜 PVS2 溶液的冷冻管中，迅速投入液氮。

（3）化冻与洗涤。取出在液氮中保存的冷冻管，并迅速投入 37 ℃水浴锅中解冻 2 min，除去冰冻保护剂，加入 MS＋1.2 mol/L 蔗糖液体培养基洗涤 2 次，每次 10 min。

（4）接种。将经过水浴化冻和洗涤的茎尖接种到 MS＋0.3 mg/L GA$_3$＋0.1 mg/L NAA＋0.5 mg/L 6-BA＋30 g/L 蔗糖的恢复培养基中，20 ℃下暗培养 2 周，然后转置温度 20 ℃、光照强度为 1 500 lx 条件下培养。

（5）保存时间。可长期稳定保存。

（二）马铃薯试管薯保鲜贮藏技术

马铃薯试管薯是在组织培养条件下，利用马铃薯组培苗直接在组织培养容器中诱导形成的微型块茎，重量≥0.15 g，粒径≥0.35 cm，在遗传稳定性、生理生化特性上与常规块茎无异，在种薯质量与级别上等同于脱毒苗。试管薯的生产不受季节和地域限制，可周年进行工厂化生产，同时其体积小，更便于贮运，其在微型薯生产和替代常规种薯方面潜力巨大。但是试管薯水分含量高、干物质积累少，表皮木栓化程度低，皮孔开放，皮薄肉嫩，经采收由无菌的生长环境变为有菌环境，极易被杂菌污染发生细菌性软腐和真菌性霉变而失去发芽活力，而且，采收后置于自然环境会失水萎蔫，时间较长会过度失水而失去发芽活力。试管薯的休眠特性、田间种薯生产的季节性或者设施温室种薯生产的阶段性，都要求周年生产的试管薯必须通过一定时期的贮藏。通过研究贮藏温度条件和盛装方式以及不同农用杀菌剂和果蔬保鲜剂对试管薯贮藏期内防污保鲜效果，以期筛选出试管薯防污保鲜剂，优化贮藏技术，降低贮藏试管薯损耗，提高试管薯利用效率，为马铃薯试管薯规模化利用提供技术支撑。

1. 试管薯防霉烂处理技术

用75％百菌清可湿性粉剂800倍液或50％多菌灵可湿性粉剂800倍液喷雾处理试管薯。无论常温贮藏或2～4 ℃低温贮藏，试管薯表面无霉菌，更无真菌、细菌性病害侵染，防菌率达到100％。常温贮藏试管薯发芽率最大分别为89.83％和89.00％，分别高于对照9.64和8.67个百分点；2～4 ℃低温贮藏试管薯发芽率分别为92.4％和91.6％，分别高于对照8.00和7.22个百分点；常温贮藏达110 d，低温贮藏达150 d，均较对照贮藏期延长20 d。

2. 试管薯保鲜处理技术

用果蔬保鲜剂进行试管薯涂膜处理，贮藏的防污保鲜效果最好，常温贮藏发芽率达到92.5％，而且延长贮藏期，常温贮藏达150 d，低温4 ℃贮藏达175 d。

3. 盛装方式

采收的试管薯经保鲜防霉烂处理后用尼龙网袋盛装，悬挂标识牌，注明品种名称、生产日期、种薯规格。采用尼龙网袋盛装试管薯，虽然水分易散失，但透气好，降低了污染霉变率，贮藏防腐效果优于纸盒和玻璃瓶，增加了试管薯的可利用比例，发芽率较纸盒和玻璃瓶盛装处理高。贮藏150 d发芽率为86.40％。

4. 贮藏条件

将试管薯存放于贮藏库的储物架上，不同品种分区域存放。贮藏条件设置室内常温普通贮藏（温度18～24 ℃，湿度25％～40％）和冷藏柜低温冷藏（温度2～4 ℃，湿度70％～85％）2种方式。

四、马铃薯种薯安全贮藏技术

（一）马铃薯贮藏期的生理特征

1. 后熟期

收获后的马铃薯块茎还未充分成熟，生理年龄不完全相同，需要 30～60 d 才能达到成熟，称作后熟期。这一阶段块茎的呼吸强度由强逐渐变弱，表皮也木栓化，块茎内的含水量也在这一期间迅速下降（大约下降 5%），同时释放大量的热量。因此，刚收获的马铃薯要在背光环境下的较高温度中通风处理 15 d 左右，使收获和运输中导致的块茎的各种伤口愈合，形成木栓层，并通过后熟阶段。

2. 休眠期

后熟阶段完成后，块茎芽眼中幼芽处于稳定不萌发状态，块茎内的生理生化活动极微弱，有利于贮藏。2 ℃可显著延长贮藏期。

3. 萌发期

马铃薯通过休眠期后，在适宜的温、湿度下，幼芽开始萌动生长，块茎重量明显减轻。作为食用和加工的块茎要采取措施防止发芽，如喷施抑芽剂等。马铃薯贮藏过程中，前期和后期要注意防热，中期要注意防冻。

（二）马铃薯贮藏期间的特点

1. 保持正常的生理活动

马铃薯块茎在贮藏过程中要维持正常的生理活动，呼吸作用必须正常进行。在呼吸过程中，马铃薯块茎所含淀粉逐渐转化为糖，再分解为二氧化碳和水，放出大量的热，这样容易使窖内潮湿，温度升高。

2. 品种熟性不同，块茎安全贮藏期不同

不同品种休眠期长短不同，一般早熟品种休眠期短，块茎发芽较早，常温下安全贮藏时间较短；晚熟品种休眠期长，块茎发芽时间长，常温下安全贮藏时间长。

3. 同一品种收获时成熟度不同，安全贮藏期不同

同一品种成熟度不同，休眠期长短不同。一般春播秋收的块茎休眠期短，夏播秋收的休眠期长。同一品种，成熟后收获的块茎安全贮藏期短，未到成熟期收获的块茎安全贮藏期长。

4. 马铃薯块茎在窖藏期间容易失重和感染病害

马铃薯新鲜块茎含水量高达 75%～80%，在收获过程中容易损伤，贮藏期间病菌容易从伤口侵入，感染病害，造成块茎腐烂。据试验，马铃薯块茎贮

藏 187 d 重量减少 4.7%，而受损伤的块茎重量减少 19.8%。从感病情况看，完整块茎的感病率为 2%，而受损伤的块茎感病率为 21.3%～76%。

5. 适宜的温度和湿度条件有利于延长马铃薯块茎的安全贮藏期

马铃薯贮藏期间最适贮藏温度为 2～4 ℃，最高不超过 5 ℃，温度如果降到 0 ℃，淀粉水解酶的活性增强，加速淀粉糖化，降低马铃薯的品质。如果温度升高，则块茎呼吸作用增强，糖的消耗量增大，淀粉也会随贮藏时间过长而下降，并且容易发生腐烂和发芽。贮藏最适相对湿度为 80%～85%，湿度高于 85% 会腐烂，湿度低于 70% 会使块茎水分大量蒸发而萎蔫。

6. 适宜的空气流动有利于马铃薯安全贮藏

马铃薯在贮藏期保持适宜的温、湿度能够延长马铃薯的休眠期，减少块茎发芽率，维持薯块较好的种性和商品性。目前，大多数马铃薯贮藏库配有强制性控制空气流动的风机。风机的运行能够有效地控制马铃薯贮藏库中的温度和湿度。但是如果抽风机力度过大，贮藏窖内的空气流动过快，就会使薯块表面干燥，造成水分散失，薯块萎蔫。若风机力度过小或无风机，贮藏窖内的空气流动慢，薯块表面湿度大，薯堆温度升高，易感染病害或提早通过休眠而发芽。因此，马铃薯贮藏窖内要有适宜的空气流动，一般采用间歇性通风，窖内空气流量以 0.28 m³/min 为宜。

（三）马铃薯的贮藏方式

1. 马铃薯贮藏窖的类型

常见的马铃薯贮藏窖主要有窑窖、砖混结构常温贮藏窖和彩钢板或砖混结构气调库。

（1）窑窖分为垂直地下式和窑洞式两种。多为农户和小型合作社建造，窖口一般用草帘、保温被和门等隔温，主要利用地下土壤温度控制窖内温度，贮藏量较小，一般为 2～15 t。

（2）砖混结构常温贮藏窖的墙体分半地下和全地下两种类型。通常为砖混结构，贮藏窖的窖顶分拱顶和平顶两种形式，保温处理可根据需要选择覆土或覆盖保温材料。贮藏窖的窖门为保温门，芯材为聚氨酯板，严寒地区可适当增加保温板厚度或设计为双门，如果遭遇多天极端低温气候，也可加挂棉门帘。窖内通风可采用自然通风，也可采用自然通风和机械通风相结合的方式。贮藏量较大，一般为 300～1 500 t。

（3）气调库又称气调贮藏库，是当今最先进的马铃薯保鲜贮藏方法。它是在冷藏的基础上，增加气体成分调节，通过对贮藏环境中温度、湿度、二氧化碳、氧气浓度和乙烯浓度等条件的控制，抑制马铃薯的呼吸作用，延缓其新陈代谢过程，更好地保持马铃薯新鲜度和商品性，延长马铃薯贮藏期和销售货架期。通常气调贮藏比普通冷藏可延长贮藏期 0.5～1 倍。贮藏量大，一般为 500～2 000 t。

2. 存放方式

马铃薯块茎在贮藏窖内的存放方式主要有 3 类：散堆、袋装和箱体装。散堆存放贮藏量相对较大，易于贮藏期间喷施抑芽剂进行抑芽处理，而且贮藏成本最低，但是搬运不便。袋装贮藏量相对少，搬运方便，但是成本较高，贮藏期间挑拣对马铃薯造成的损伤多。箱体存放主要用于加工或商品马铃薯的存放，管理搬运方便，要求贮藏窖空间大，便于机械操作。普通农户贮藏窖容积较小，一般采用散堆存放和袋装贮藏。

（1）窖内散堆存放。 贮藏窖中马铃薯块茎散堆的存放高度要根据设施的通风系统确定，一般不超过贮藏窖高度的 2/3，但下层薯块所承受的压力大，导致下层薯块被压伤，上层薯块也会因为薯堆呼吸热而发生严重的"出汗"现象，从而导致薯块大量发芽和腐烂，上层薯块也可能由于距离贮藏窖的窖顶过近而易受冻。散堆存放过程中，可在贮藏窖墙体侧边用木板、草帘等透气物隔挡，增加薯堆周围的透气性，增加贮藏容量，薯堆底部用带孔的铁皮做成半圆弧形移动式风道，以通气、不漏薯块为宜，便于通风换气，保证薯堆内部通风良好。堆放时要求轻装轻放，以防摔伤，由里向外，依次堆放。

（2）袋装码垛。 目前大中型马铃薯贮藏库常用袋装贮藏，包装袋有网袋、编织袋、麻袋等。将经过预处理的马铃薯块茎装入编织网袋，35 kg/袋，采用袋装码垛贮藏，最高层数为 8 层/垛，堆垛宽是"二四"码垛或者"三七"码垛。堆垛若码放过厚会导致堆垛内通风不良，相互挤压，薯块热量散失困难，易造成薯块发芽或腐烂。马铃薯入窖时应注意将最晚出窖的马铃薯放在最里面，以此类推。

（3）箱体装堆放。 马铃薯窖藏箱体装有木箱存放和铁架箱式堆放，可以堆叠放置。铁架箱式堆放存储腔的内壁设置有竖向卡槽，马铃薯窖藏堆箱存放箱体与箱体之间有间隙，便于马铃薯块茎进入箱体内储存时的通风透气。在不同马铃薯窖藏箱体内可以放置不同品种的马铃薯，能够保证马铃薯存储后的质量，延长马铃薯存储时间，通过在马铃薯窖藏箱体上吊挂标示牌，实现马铃薯存储信息的准确记录。便于机械操作运输。

3. 马铃薯块茎的存放高度

不同存放方式马铃薯块茎的堆放高度不同。马铃薯块茎散堆存放是一种节约空间、降低成本的贮藏方式。窖内薯块堆放的高度，因品种、贮藏方式和贮藏条件不同而异。通风系统好，能够保证薯堆底部通风散热的贮藏库，薯堆高度可以高一些，但不得超过窖内高度 2/3。自然通风库贮藏马铃薯不能超过窖内高度 1/2，薯堆高度一般 1.5 m 左右，否则会造成空气流通不畅、温度过高、氧气供应不足，导致散堆内的薯块因温度和湿度增高易发生腐烂或黑心现象。强制通风库，贮藏库地面具有通风道和设计合理的通风系统，薯堆高度不能超过窖内高度 2/3。袋装马铃薯适宜的码放层数一般为 6～8 层。箱体装根据贮藏窖的窖体高度可以码放 2～4 层，但最上层的薯块要与贮藏窖的窖顶保持 1.0～1.5 m 的距离，便于空气流通和温度控制。

4. 马铃薯贮藏库库容量计算方法

马铃薯的贮藏量不得超过窖容量的 65%。贮藏过多过厚，会造成贮藏初期不易散热，中期上层薯块距离贮藏窖的窖顶、窖门过近容易受冻，后期底部薯块容易发芽，同时也会造成堆垛的温度和贮藏窖内温度不一致，难以调节窖温。据试验，每立方米的薯块重量一般为 650～750 kg，只要测出窖的容积，就可算出贮藏量，计算方法：适宜的贮藏量（kg）＝贮藏窖容积（m^3）×700（kg/m^3）×0.65。

（四）马铃薯贮藏期病害的预防

马铃薯贮藏期的病害主要是由于田间生长期块茎受病菌初次侵染和入窖后二次复合侵染，以及贮藏环境温度、湿度、气体成分等其他因素综合作用引起的，因此，对马铃薯贮藏期病害的防控坚持"预防为主"的原则。

1. 贮藏窖消毒处理

马铃薯贮藏期病害很多，许多细菌、真菌都能引发贮藏期病害蔓延。由于马铃薯致病菌种类繁多，往往在同一块茎上发生多种病害，因此，化学防病相当重要。入窖前，要将窖内清理干净，用霜脲·锰锌、多菌灵、噁霜·锰锌、烯酰吗啉等喷施地面和墙壁，也可用甲醛＋高锰酸钾熏蒸消毒。

2. 马铃薯贮藏辅助材料消毒

在贮藏马铃薯块茎前 1 周左右，对马铃薯贮藏的辅助设施（包装袋、贮藏箱体、传输设备等）进行彻底消毒，可在阳光下暴晒 3～5 天，或用多菌灵、烯酰吗啉、甲霜·锰锌等喷雾消毒。

3. 马铃薯块茎收获前处理

在马铃薯收获前 1 周进行杀秧，收获后的薯块经过 15 d 左右的预贮藏，使其伤口愈合、薯块内部温度降低、水分散失、表皮充分木栓化。

4. 薯块入库管理

薯块进入贮藏窖（库）时，严格挑选薯块，保证入库质量，按不同品种、不同用途、不同等级分类贮藏。入库数量不超过贮藏窖窖体容积的 2/3。

5. 贮藏期管理

马铃薯贮藏库应由专人管理。根据马铃薯贮藏期间生理反应和马铃薯主产区气候环境变化，薯块入窖后应分 3 个阶段进行管理。

（1）贮藏初期。入窖初期块茎呼吸旺盛，放热多，此阶段的管理以降温为主，窖口和通气孔要经常打开，尽量通风散热，随着外部温度逐渐降低，窖口和通风孔应改为白天大开，夜间小开或关闭。

（2）贮藏中期。北方地区正是严寒冬季，外界温度很低。此阶段的管理主要是防寒保温，要密封窖门和通气孔，必要时可在薯堆上盖草吸湿防冻。

（3）贮藏末期。外界温度转高，没有降温设备的贮藏窖温度可能升高，易造成块茎发芽。此阶段重点是保持窖内低温，减少打开贮藏窖窖门的次数，避免外界高温对贮藏窖温度的影响，以免块茎发芽。

（五）马铃薯安全贮藏中注意事项

1. 减少分拣运输过程中的机械损失

在马铃薯收获、分拣、运输和贮藏过程中，要尽量减少转运次数，避免机械损伤，以减少块茎损耗腐烂。

2. 严格控制带病、机械损伤和受冻薯块入库

马铃薯入窖前要严格挑选薯块，严禁机械损伤、受冻、虫蛀或感病的薯块入窖，避免因感染干腐病和软腐病造成薯块腐烂。入窖前要将薯块在阴凉通风的地方摊晾几天再入窖。

3. 不同用途的马铃薯块茎要分开贮藏

鲜食菜用、商品加工马铃薯和种薯因用途不同，安全贮藏方式也不同，贮藏温度等条件应有所差别。

鲜食菜用薯在收获、分拣、运输和贮藏过程中要绝对避光，贮藏温度为 2～4 ℃。贮藏过程中严控薯块出芽。

商品加工马铃薯不宜在低温下贮藏，因为低温贮藏淀粉会转化为糖，造成块茎还原糖含量升高，影响薯条、薯片等加工产品的色泽和品质。如果要贮藏更长时间，可放在 4 ℃下贮藏，加工前 2～3 周移至 15～20 ℃下处理，还原糖可逆转为淀粉，可减轻对加工品质的影响。淀粉加工马铃薯在贮藏过程中防止块茎冻伤，影响品质，使块茎出粉率降低。

马铃薯种薯可在散射光下晾晒，窖藏期间控制发芽，防止温度过低造成冻害。种薯贮藏温度为 1～3 ℃，有条件时可在散射光下抑制发芽，贮藏效果会更好。因为薯块第 1 次掰芽，减产 6%，掰 2 次芽减产 16%，掰 3 次芽则减产 30%。

4. 根据品种和气候变化调控贮藏窖温、湿度

根据贮藏期马铃薯品种的生理特点和气候变化合理调控贮藏窖温、湿度。贮藏应根据品种休眠期的长短调节温度，湿度控制在 70%，大部分品种基本在 10 ℃下，发芽期可延长 1 倍。贮藏初期和贮藏末期要严控温度，防止窖温

升高。贮藏中期防寒保暖，控制窖的温、湿度，特别是早春气温急剧下降的特殊时期，更要注意温度变化。

5. 贮藏窖要安全，通风防冻效果好，智能化调控

贮藏窖要具备防水、防冻、通风条件，以利安全贮藏。应选择地势高、干燥、排水良好、地下水位低和向阳背风的地方修建贮藏窖。

新建的现代化的贮藏窖可以根据马铃薯的生理特点用电脑自动控制温、湿度；有条件的老式贮藏窖应添加温、湿度自动控制设施，以达到贮藏的最佳效果。

参　考　文　献

董文，范祺祺，胡新喜，等，2017. 马铃薯养分需求及养分管理技术研究进展［J］. 中国
　　蔬菜（8）：21-25.

黑龙江省农业科学院克山农业科学研究所，1984. 马铃薯栽培技术［M］. 北京：农业出
　　版社.

康俊，刘海英，2016. 超低温冷冻技术在马铃薯脱毒中应用的研究进展［J］. 天津农业科
　　学，22（8）：10-15.

李润，刘绍文，王伟，等，2015. 马铃薯保存操作规程［J］. 农业科技通讯（7）：
　　260-262.

李学湛，何云霞，吕典秋，2004. 脱毒马铃薯种薯标准化生产及质量监督检验［M］. 哈尔
　　滨：黑龙江科学技术出版社.

全国农作物种子标准化技术委员会，2013. 马铃薯种薯：GB 18133—2012［S］. 北京：中
　　国标准出版社.

张抒，白艳菊，范国权，等，2017. 马铃薯病毒病传播介体蚜虫的危害及防治［J］. 黑龙
　　江农业科学（3）：59-63.

图书在版编目（CIP）数据

马铃薯脱毒种薯繁育与质量控制技术 / 张武，吕和平主编 . —北京：中国农业出版社，2022.7
ISBN 978-7-109-29894-1

Ⅰ.①马… Ⅱ.①张… ②吕… Ⅲ.①马铃薯—栽培技术②马铃薯—脱毒 Ⅳ.①S532

中国版本图书馆 CIP 数据核字（2022）第 155907 号

马铃薯脱毒种薯繁育与质量控制技术

MALINGSHU TUODU ZHONGSHU FANYU YU ZHILIANG KONGZHI JISHU

中国农业出版社出版

地址：北京市朝阳区麦子店街 18 号楼
邮编：100125
责任编辑：贾 彬 文字编辑：李瑞婷
版式设计：杜 然 责任校对：沙凯霖
印刷：三河市国英印务有限公司
版次：2022 年 7 月第 1 版
印次：2022 年 7 月河北第 1 次印刷
发行：新华书店北京发行所
开本：700mm×1000mm 1/16
印张：11 插页：4
字数：220 千字
定价：68.00 元

图 1　马铃薯卷叶病毒（PLRV）田间症状

图 2　马铃薯 X 病毒（PVX）田间症状

图 3　马铃薯 Y 病毒（PVY）田间症状

图 4　马铃薯 A 病毒（PVA）田间症状

图 5　马铃薯 S 病毒（PVS）田间症状

图 6　马铃薯 M 病毒（PVM）田间症状

图 7　代表性薯块

图 8　代表性薯块茎尖剥离

图 9　病毒检测

图 10　环腐病危害症状

图 11　黑胫病危害症状

图 12　软腐病危害症状

图 13　疮痂病危害症状

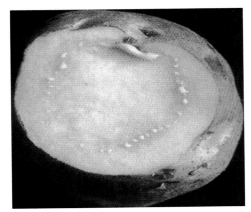

图 14　青枯病危害症状

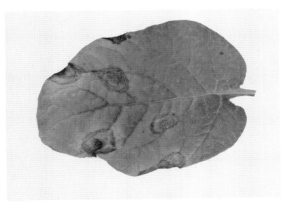

图 15　早疫病危害症状

图 16　晚疫病危害症状

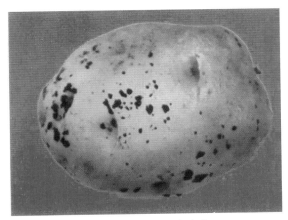

图 17a　黑痣病危害症状

图 17b　黑痣病引起的地下茎病斑

图 18　粉痂病危害症状

图 19　枯萎病危害症状

图 20　干腐病危害症状

图 21　白绢病危害症状

图 22　蚜虫

图 23　蚜虫危害

图 24　蚜虫传播的花叶病

图 25　蛴螬

图 26　金针虫

图 27　组培苗

图 28　脱毒苗组培快繁

图 29　组培苗全日光培养

图 30 试管薯

图 31a 日光温室土壤直播试管薯生产原原种

图 31b 防虫网棚大田播种试管薯生产原原种

图 31c 试管薯大田直播——出苗

图 31d 试管薯大田直播——出苗 25 d

图 31e 试管薯大田直播——中期长势

图 31f　试管薯大田直播——单株结薯

图 32　组培苗定植

图 33　繁育原原种

图 34　原原种收获

图 35　原原种贮藏

图 36　雾培法生产马铃薯原原种

图37　防虫网棚原种生产

图38　马铃薯立体式贮藏

图39a　良种生产1

图39b　良种生产2

图40　黑膜覆盖垄上微沟栽培

图41　马铃薯滴灌栽培